ISBN-13: 978-1511603515

ISBN-10: 1511603518

2015
Segunda edición

Manual de ELECTROTECNIA

Miguel D'Addario

Comunidad Europea

ÍNDICE DEL LIBRO

MÓDULO DOS ELECTROTECNIA

U.D. 1 **CONCEPTOS Y FENÓMENOS ELÉCTRICOS Y ELECTROMAGNÉTICOS**

M 2 / UD 1

ÍNDICE

INTRODUCCIÓN

El aprendizaje de la electricidad y, más concretamente, de la electrotecnia, debe constituir para el estudiante el descubrimiento de una ciencia y técnicas esenciales en su nuevo estudio profesional y de trabajo.

Para que este aprendizaje sea a la vez atractivo y riguroso, y se relacione fácilmente con lo que cada día vemos u observamos, se ha optado por un orden que parte de lo práctico y de lo próximo, para ir después hacia fundamentos más teóricos o complejos. Por ello, se inicia el estudio con la electrodinámica, pasando después a la electrostática.

OBJETIVOS

El aprendizaje de la electricidad y, más concretamente, de la electrotecnia, debe de constituir para el estudiante el descubrimiento de una ciencia y técnicas esenciales en su nuevo estudio profesional y de trabajo.

Para que este aprendizaje sea a la vez atractivo y riguroso, y se relacione fácilmente con lo que cada día vemos u observamos, se ha optado por un orden que parte de lo práctico y próximo para ir después hacia fundamentos más teóricos o complejos. Por ello, se inicia el estudio con la electrodinámica, pasando después a la electrostática.

1. LA ELECTRICIDAD

1.1. La electricidad de cada día

Se denomina energía a todo aquello que es capaz de variar el estado de movimiento o reposo de los cuerpos o de producir en ellos deformaciones; dicho de otra forma, a todo aquello que es capaz de producir un trabajo. `Evidentemente, la electricidad es una forma de energía!

Esta energía, la eléctrica, tiene unas propiedades prácticas y curiosas: se puede desplazar a lo largo de los cables eléctricos y, utilizada correctamente, produce todo tipo de fenómenos "útiles": movimiento, calor, luz, sonido..., aunque, cuando "se nos descontrola", provoca incendios y llega a ser mortal.

De hecho, en poco más de dos siglos (Volta hizo su primera pila hacia el 1800, iniciándose con ello el desarrollo sistemático de toda la electrotecnia) la electricidad ha pasado de ser una "experiencia curiosa o peligrosa de laboratorio" a ser la forma de energía más utilizada, versátil e imprescindible de nuestra civilización.

1.2. Seguridad

Desde el principio tenemos que tener presente siempre que el uso y manipulación de la energía eléctrica tiene sus riesgos y que los accidentes de origen eléctrico pueden ser graves.

Los accidentes eléctricos suelen deberse a ignorancia (no se sabe qué se está haciendo y su riesgo), a inexperiencia (se opera o manipula con desacierto) o a presunción excesiva (fiarse en exceso de que se sabe).

Siempre hay que actuar con prudencia.

Respetar siempre lo indicado por los profesores y, si no sabe, preguntar.

Concretando:

- NUNCA tocar elementos con tensión.

- Desconectar los circuitos antes de manipularlos.

- Si se tiene que actuar sobre circuitos con tensión (por ejemplo, para medir) hacerlo con el equipo y la técnica adecuados.

- Utilizar sólo herramientas, aparatos y componentes en buen estado.

- Asegurarse de que la instalación en la que se trabaja dispone de los mecanismos de protección adecuados.

1.3. Magnitudes y unidades

En Física es esencial la definición clara de las magnitudes y unidades.

Pero su conocimiento no debe de ser sólo memorístico (que también) sino que es necesario conocer las relaciones de interdependencia entre ellas y cómo se deducen unas de otras.

En cada apartado se introducen expresamente las magnitudes y unidades correspondientes. Su deducción en la explicación puede ser, según se considere, intuitiva, físico-matemática o experimental.

Se inserta aquí un cuadro de SI (Sistema Internacional) con algunas magnitudes y unidades de la Mecánica que serán necesarias desde el principio de la electrotecnia.

MAGNITUD	Símbolo	Expresión	UNIDAD	Símbolo	Expresión	Observaciones
Longitud	ℓ		metro	m		
Masa	m		kilogramo	kg		
Tiempo	t		segundo	s		
Período	T					
Área o sección	A					
Volumen	V					
Ángulo plano	φ		radián	rad		
Velocidad lineal	v	$v = \ell/t$			m/s	
Aceleración lineal	a	$a = v/t = \ell/t^2$			m/s^2	
Velocidad angular	ω	$\omega = \varphi/t$			rad/s	rpm
Aceleración angular	α	$\alpha = \omega/t = \varphi/t^2$			rad/s^2	
Fuerza	F	$F = m \cdot a$	Newton	N	kg.m/s^2	
Energía Trabajo Consumo	W	$W = F \cdot \ell$	Julio	J	N.m	Consumo = P.t $\Rightarrow$ kW.h
Momento o Par motor	M	$M = F \cdot \ell$			N.m	kg.m
Potencia	P	$P = W/t$	Vatio	W	J/s	1 CV = 736 W 1 HP = 745 W
Temperatura termodinámica	ϑ		Kelvin	K		°C

2. ELECTRODINÁMICA ELEMENTAL

La primera aproximación a la electrodinámica es muy importante porque es el fundamento de todos los estudios de electrotecnia.

Esta primera aproximación requiere la definición y uso de diversos principios o cálculos. Todos ellos se van introduciendo ilativa y elementalmente, dejando para el final de este apartado (electrodinámica elemental) la resolución de algunos problemas en los que se entremezclan todos.

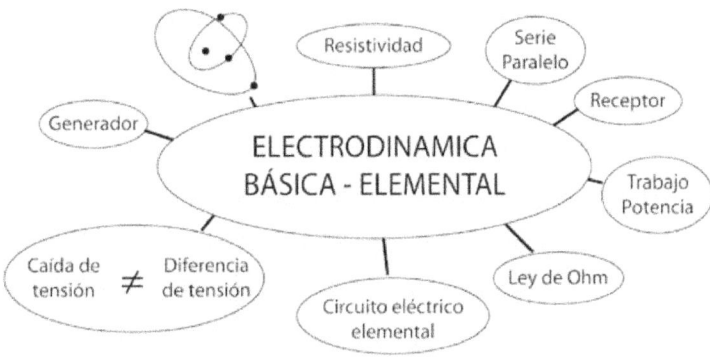

2.1. Circuito eléctrico elemental

Cuando encendemos la luz de una linterna, establecemos un circuito eléctrico elemental, formado por tres elementos básicos: una pila (generador de electricidad), una bombillita (receptor eléctrico) y unos cables o piezas metálicas que transportan la electricidad desde la pila hasta la bombilla (conductores).

• Desde un punto de vista energético, tenemos dos elementos básicos: un generador que convierte una energía cualquiera (en el caso de la linterna, energía química) en energía eléctrica y un receptor que convierte la energía eléctrica en otro tipo de energía (en este caso, energía calorífica y luminosa).

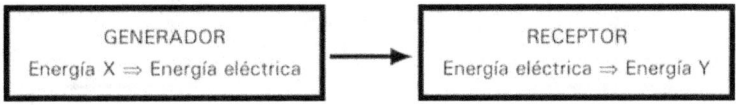

• Desde el punto de vista de sus componentes, tenemos 3 básicos: generador, conductores e interruptor y receptor o carga.

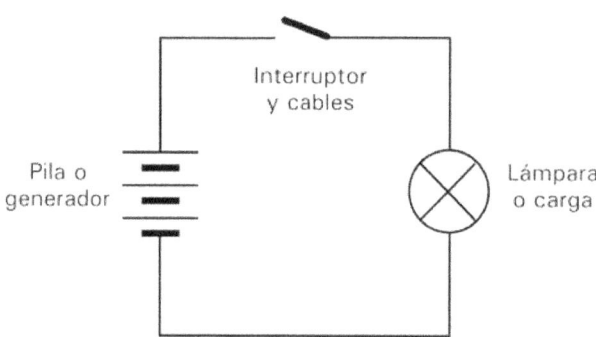

Este circuito es comparable a un circuito hidráulico en el que el generador produce un desnivel, lo que provoca la circulación de agua por el circuito y su utilización en la carga.

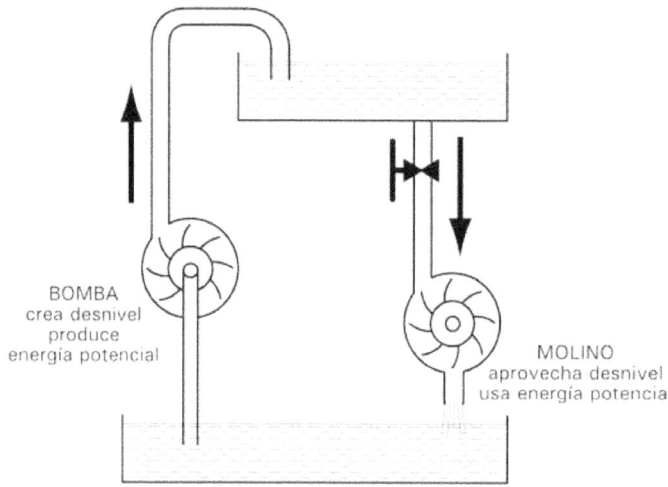

Por este circuito circulan ordenadamente cargas eléctricas, que es precisamente lo que constituye la corriente eléctrica.

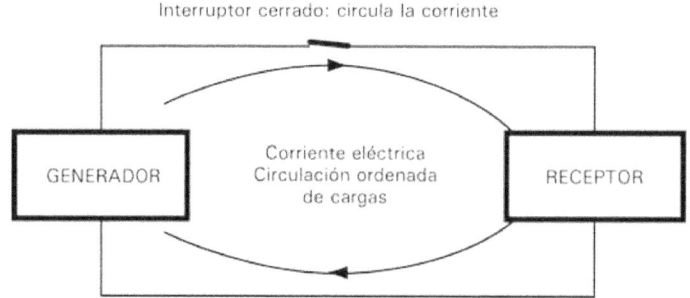

2.2. Generadores

Los generadores convierten en energía eléctrica otro tipo de energía.

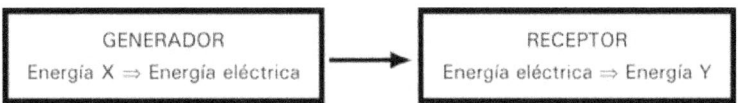

Hay muchas formas de producir energía eléctrica. Algunos ejemplos de nuestro mundo próximo pueden ser:

- Energía mecánica, por ejemplo, los alternadores de los coches.

- Energía química, por ejemplo, la batería de los teléfonos móviles.

- Energía térmica, por ejemplo, el termopar del sistema de seguridad de los calentadores instantáneos de gas.

- Energía solar, por ejemplo, las placas fotovoltaicas que pueden verse en la vía pública para alimentar relojes u otros elementos (no confundir con la energía solar utilizada para obtener agua caliente sanitaria en los tejados de algunas casas).

La principal característica de los generadores es su tensión.

La unidad de tensión es el voltio (V).

2.3. Primeros símbolos

Para poder iniciar el estudio de la electrotecnia, necesitamos utilizar algunos símbolos.

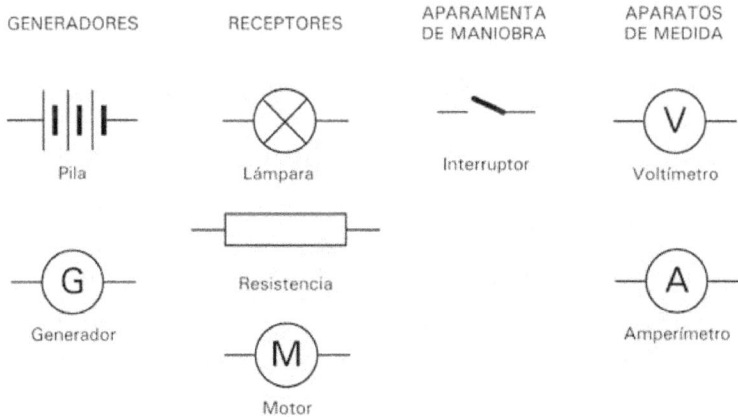

2.4. Primeras magnitudes eléctricas

2.4.1. Tensión (o potencial)

Como se ha dicho, el generador crea una diferencia de tensión o, simplemente, una tensión.

La magnitud tensión se representa:

- Por la letra E, cuando se refiere a la fuerza electromotriz (f.e.m.) o tensión creada por el generador,

- Por la letra Ub, para referirnos a la tensión en bornes de un generador,

- Por la letra U, en los demás casos.

- La caída de tensión es siempre una diferencia de tensión; se prefiere distinguir ambas para resaltar que la cdt se debe precisamente a un producto R.I.

La unidad de tensión es el voltio, cuyo símbolo es la letra V, en mayúscula porque su nombre lo es en honor de Alessandro Volta (1745-1827): se dice que un generador produce una tensión de 1 voltio cuando realiza un trabajo de 1 julio por unidad de carga (culombio).

La tensión o potencial es un desnivel eléctrico, por tanto, sólo puede existir entre dos puntos, por eso se debería decir siempre "diferencia de tensión" (ddt); en la práctica, se habla simplemente de tensión cuando la referencia es evidente.

El generador crea un desequilibrio de distribución de carga haciendo que, si se cierra circuito, circule un caudal eléctrico o intensidad de corriente.

2.4.2. Intensidad de corriente

Cuando se cierra circuito entre dos puntos entre los que existe una ddt, se produce una circulación ordenada de carga. Esto es precisamente la intensidad de corriente eléctrica.

La magnitud intensidad de corriente se representa por la letra I.

La unidad de intensidad de corriente es el amperio. Su símbolo es la letra A, en mayúscula; se le asignó el nombre en honor de André Marie Ampère (1775-1836).

2.4.3. Resistencia

La energía eléctrica que transporta el circuito eléctrico se utiliza en el receptor.

Del receptor (concepto que aquí sólo se usa genérica e inespecíficamente) nos interesa su resistencia eléctrica.

La magnitud resistencia eléctrica expresa, como indica la palabra, la oposición de una materia al paso de la corriente.

La magnitud resistencia eléctrica se representa con la letra R.

La unidad de resistencia es el ohmio (u ohm), en honor de Georg Simon Ohm (1787-1854); el símbolo del ohmio es la letra griega omega mayúscula: W.

2.5. Ley de Ohm

En 1827, Georg Simon Ohm publicó su célebre ley (en realidad, casi 50 años antes, el excéntrico y tímido Cavendish ya la había descubierto, pero no la había publicado).

Esta ley puede enunciarse así: la intensidad de corriente que atraviesa un medio es directamente proporcional a la diferencia de tensión aplicada entre sus extremos e inversamente proporcional a la resistencia del medio.

Magnitudes:

$$I = \frac{U}{R} \qquad \text{Intensidad de corriente} = \frac{\text{Diferencia de tensión}}{\text{Resistencia}}$$

Unidades:

$$A = \frac{V}{\Omega} \qquad \text{Amperio} = \frac{\text{Voltio}}{\text{Ohmio}}$$

Ejemplo 1. A un circuito con una resistencia de 25 Ω se le aplica una ddt de 125 V. Hallar la intensidad de corriente.

CASO
PRÁCTICO

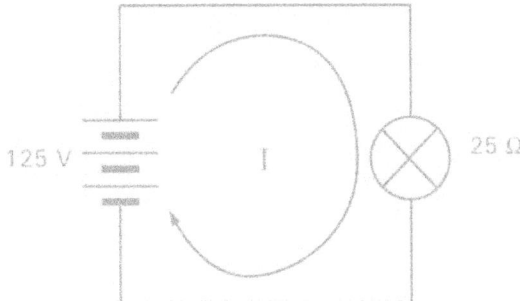

125 V   I   25 Ω

a) Datos:

U = 125 V

R = 25 Ω

b) Pregunta:

I (intensidad de corriente en amperios)

c) Cálculos:

$$I = \frac{U}{R} = \frac{125\,V}{25\,\Omega} = 5\,A$$

d) Respuesta: intensidad de corriente: 5 A (Evidentemente, responder "5" hubiera sido un grave error: todo valor de magnitud dimensional debe de llevar SIEMPRE su unidad).

Ejemplo 2. Al aplicar tensión a una resistencia de 20 Ω, ésta toma una intensidad de 7 A ¿Qué ddt se le ha aplicado?

a) Datos:

I = 7 A

R = 20 Ω

b) Pregunta:

U (ddt en voltios)

c) Cálculos:

$$U = I.R = 7\,A.20\,\Omega = 140\,V$$

d) Respuesta: ddt aplicada: 140 V

Ejemplo 3. ¿Qué resistencia absorberá una intensidad de 30 A aplicando a sus extremos una ddt de 12 V?

a) Datos:

I = 30 A

U = 12 V

b) Pregunta:

R (Ω)

c) Cálculos:

$$R = \frac{U}{I} = \frac{12\,V}{30\,A} = 0,4\,\Omega$$

d) Respuesta: R = 0,4 ohmio

2.6. Resistencia de un conductor. Conductancia

2.6.1. Resistencia y resistividad

El mismo proceso que permitió a Georg Simon Ohm enunciar su Ley, le llevó a cuantificar la resistencia de un conductor.

Magnitudes:

$$R = \rho \frac{l}{A} \qquad \text{Resistencia} = \text{resistividad} \frac{\text{longitud}}{\text{área o sección}}$$

La resistividad ρ (rho) es la resistencia específica de cada sustancia, tomando un modelo de dimensiones unidad.

En Física se usa como unidad el $\Omega.m$ (ohm.metro); en Electrotencia se utiliza siempre la resistividad en $\Omega.mm^2/m$.

Así, las fórmulas anteriores, aplicando unidades, quedan:

$$\Omega = \left[\Omega . \frac{mm^2}{m} \right] . \frac{m}{mm^2}$$

El valor de esta magnitud es experimental y se da en tablas.

MATERIAL	Resistividad $\Omega mm^2/m$ 20 ºC ρ	Coefi. temp α	MATERIAL	Resistividad $\Omega mm^2/m$ 20 ºC ρ	Coefi. temp α
Cobre	0,0178	0,004	Constantan	0,50	0
Aluminio	0,028	0,0038	Manganina	0,42	0
Plata	0,016	0,0007	Carbón	50 - 100	- 0,0003
Zinc	0,06	0,0039	Vidrio	10^8	
Hierro	0,13	0,0046	Goma dura	10^{11}	
Plomo	0,21	0,0038	Ámbar	5×10^{12}	
Nicrom	1,00	0,0002			

Valores sólo válidos para Cu y Al. El resto deben de entenderse como datos orientativos.

2.6.2. Conductancia y conductividad

La conductancia (G) es la magnitud inversa de la resistencia y su unidad en el siemens (S). La conductancia (γ) es el inverso de la resistividad.

Magnitudes:

$$G = \frac{1}{R} \qquad \text{Conductancia} = \frac{1}{\text{Resistencia}}$$

$$\gamma = \frac{1}{\rho} \qquad \text{Conductividad} = \frac{1}{\text{Resistividad}}$$

Unidades:

$$\text{Siemens} = \frac{1}{\text{Ohmio}} \qquad S = \frac{1}{\Omega}$$

Los valores de ρ se dan en tablas, como la que se adjunta más abajo.

Ejemplos: CASO PRÁCTICO

Un cable de cobre tiene una sección de 2,5 mm² y una longitud de 150 m. ¿Que resistencia tiene?

a) Datos:

Longitud = 150 m

Área = 2,5 mm²

Tipo de material: cobre; por tanto, resistividad = 0,0178 Ωmm²/m

b) Pregunta:

Resistencia, R

c) Cálculos:

$$R = \rho \frac{1}{A} = 0,0178\,\Omega\,\frac{mm^2}{m}\,\frac{150\,m}{2,5\,mm^2} = 1,07\,\Omega$$

d) Respuesta: resistencia = 1,07 Ω

2.6.3. Variación de la resistencia con la temperatura

Cuando un conductor se calienta, varía su resistencia: normalmente, aumenta. Esta variación es muy pequeña, pero no despreciable.

Para calcular esta variación, se utiliza la expresión:

$$R_c = R_{20}\left[1 + \alpha \cdot (\vartheta_2 - \vartheta_1)\right] = R_{20}\left(1 + \alpha \cdot \Delta\vartheta\right)$$

en donde:

- R_c: es la resistencia a temperatura diferente de 20 ºC.

- R_{20}: es la resistencia calculada con r a 20 ºC (valor muy frecuente).

- α : es el coeficiente de temperatura en 1/ºC (ver tablas).

- $\Delta\vartheta = \vartheta_2 - \vartheta_1$: variación de temperatura.

El valor de α que suele usarse en la práctica, válido para Cu y Al es: 0,004 1/K

Ejemplo. Un cable de Cu de 38 m y 4 mm² se calcula para trabajar a 20 CASO ºC; pero, su temperatura real de trabajo es de 80 ºC. ¿Cuál es su resistencia PRÁCTICO a 20 ºC? ¿Cuál es su resistencia a 80 ºC?

a) Datos:

Cable: Cu, 38 m, 4 mm²

$\Delta\vartheta = 80\,ºC - 20\,ºC = 60\,ºC$

b) Pregunta:

R_{20} y R_{80}

c) Cálculos:

$$R = \rho \, \frac{1}{A} = 0,0178 \, \Omega \, \frac{mm^2}{m} \, \frac{38 \, m}{4 mm^2} = 0,17 \; \Omega$$

$$R_c = R_{20} \left[1 + \alpha . \left(\vartheta_2 - \vartheta_1 \right) \right] = 0,17 \left[1 + 0,004 \left(80 - 20 \right) \right] = 0,21 \Omega$$

d) Resultados:

$R_{20} = 0,17 \; \Omega$

$R_{80} = 0,21 \; \Omega$

`Un incremento de casi un 25%!

Los valores de ρ y α se dan en tablas.

2.7. Asociación de resistencias en serie y paralelo. Estudio de tensiones y corrientes

ASOCIACIÓN SERIE	ASOCIACIÓN PARALELO
Evidentemente, la *intensidad* ... circula **sucesivamente** por cada elemento y es la misma en todos los elementos. Por tanto: $I_t = I_1 = I_2 = I_3 = ...$	Evidentemente, la *tensión*... se aplica **simultáneamente** a todos los elementos y es la misma en todos los elementos. Por tanto: $U_t = U_1 = U_2 = U_3 = ...$
La *ddt total* aplicada ha de ser igual a la suma de las cdt: $U_t = U_1 + U_2 + U_3 + ...$	La *intensidad total* absorbida ha de ser igual a la suma de las corrientes de las ramas: $I_t = I_1 + I_2 + I_3 + ...$
Se produce así un *fraccionamiento de la tensión*	Se produce así una *distribución de la intensidad*
La resistencia total ha de ser, para que se cumpla lo dicho y la ley de Ohm: $R_t = R_1 + R_2 + R_3 + ...$	La conductancia total ha de ser, para que se cumpla lo dicho y la ley de Ohm: $G_t = G_1 + G_2 + G_3 + ...$ y, convirtiendo a R: $$R_t = \cfrac{1}{\cfrac{1}{R_1} + \cfrac{1}{R_2} + \cfrac{1}{R_3} + ...}$$
	Para el caso de sólo dos elementos: $$R_t = \frac{R_1 . R_2}{R_1 + R_2}$$ Para el caso de "n" elementos iguales: $$R_t = \frac{R}{n}$$
Por último: $$I = \frac{U_t}{R_t} = \frac{U_1}{R_1} = \frac{U_2}{R_2} = ...$$ Las cdt son **directamente** proporcionales a las resistencias $\dfrac{U_1}{R_1} = \dfrac{U_n}{R_n}$ | $\dfrac{U_t}{R_t} = \dfrac{U_n}{R_n}$	Por último: $$U_t = R_t \cdot I_t = R_1 \cdot I_1 = R_2 \cdot I_2 = ...$$ Las intensidades son **inversamente** proporcionales a las resistencias $\dfrac{I_1}{I_2} = \dfrac{R_2}{R_1}$ | $\dfrac{I_t}{I_n} = \dfrac{R_n}{R_t}$

Ejemplos. ¿Cuál es la resistencia equivalente entre los bornes a y b de los circuitos de las figuras?   CASO PRÁCTICO

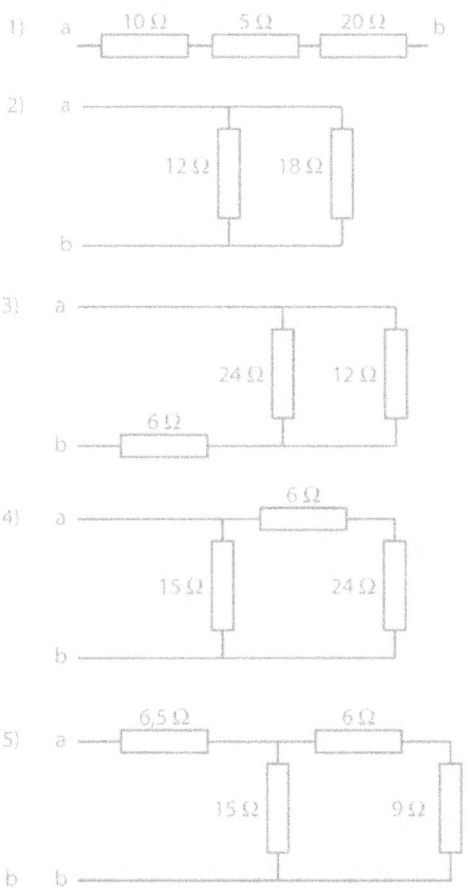

Resultados: 1) 35 Ω; 2) 7,2 Ω; 3) 8 Ω; 4) 10 Ω; 5) 14 Ω.

2.8. Caída de tensión, diferencia de tensión, tensión y f.e.m.

El cálculo de las caídas de tensión (cdt) es esencial en electrotecnia.

Los ejemplos que siguen aclaran los principales conceptos.

Recordemos:

- ddt = diferencia de tensión.

- cdt = caída de tensión: siempre es un producto RI.

- f.e.m.: es la tensión que produce un generador, también se llama tensión en vacío o sin carga.

- Ub: tensión en bornes: se suele referir a la tensión en bornes de un generador o receptor activo (el concepto de receptor activo se explica en el capítulo 2º).

- cdt(i): cdt interna: es la que se produce en el interior de una máquina; aquí se aplica a la cdt interna en los generadores.

Piénsese:

- siempre que hay cdt hay ddt.

- no siempre que hay ddt hay cdt.

Ejemplo 1. Resolver, es decir, hallar todos los valores (U, I, R) en los siguientes circuitos

CASO PRÁCTICO

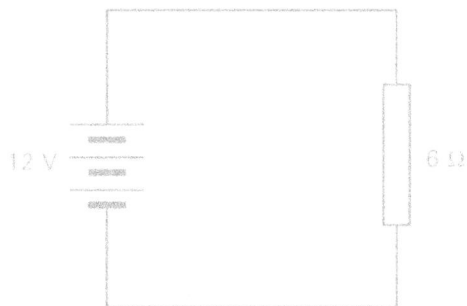

Solución:

1) $R_T = 6\,\Omega$

2) $I_T = \dfrac{\text{Fem}}{R_T} = \dfrac{12\,V}{6\,\Omega} = 2\,A$

3) cdt – $I_{parciales}$
   3.1 cdt(6) = R.I = $6\,\Omega \times 2\,A = 12\,V$

Ejemplo 2. Resolver

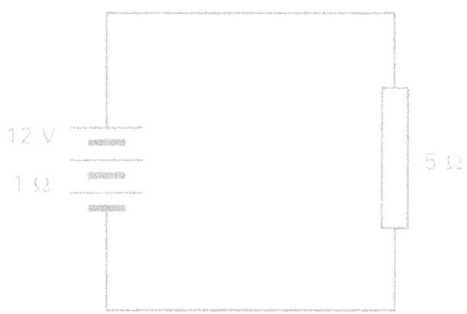

Solución:

1) $R_T = 1 + 5 = 6\,\Omega$

2) $I_T = \dfrac{Fem}{R_T} = \dfrac{12\,V}{6\,\Omega} = 2\,A$

3) $cdt - I_{parciales}$

    3.1 $cdt(i) = ri.I = 1\,\Omega \times 2\,A = 2\,V$

    3.2 $Ub = fem - cdt(I) = 12\,V - 2\,V = 10\,V$

    3.3 $cdt(5) = R.I = 5\,\Omega \times 2\,A = 10\,V$

Ejemplo 3. Resolver

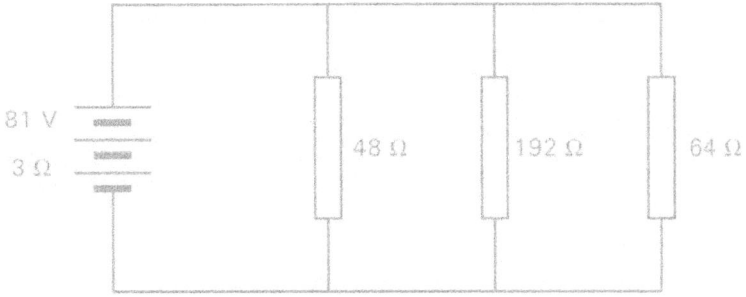

Solución:

1) Resistencias

    1.1 $R_{///} = R(48)//R(192)//R(64) = 24\,\Omega$

    1.2 $R_T = 24\,\Omega + 3\,\Omega = 27\,\Omega$

2) $I(total) = \dfrac{F.e.m.}{R_T} = \dfrac{81V}{27\,\Omega} = 3\,A$

3) Generador

    3.1 $cdt(i) = 3\,\Omega \times 2\,A = 9\,V$

    3.2 $Ub = 81V - 9\,V = 72\,V$

4) I(parciales)

    4.1 $I(48) = \dfrac{72\,V}{48\,\Omega} = 1{,}5\,A$

    4.2 $I(192) = \dfrac{72\,V}{192\,\Omega} = 0{,}375\,A$

    4.3 $I(64) = \dfrac{72\,V}{64\,\Omega} = 1{,}125\,A$

Ejemplo 4. Resolver

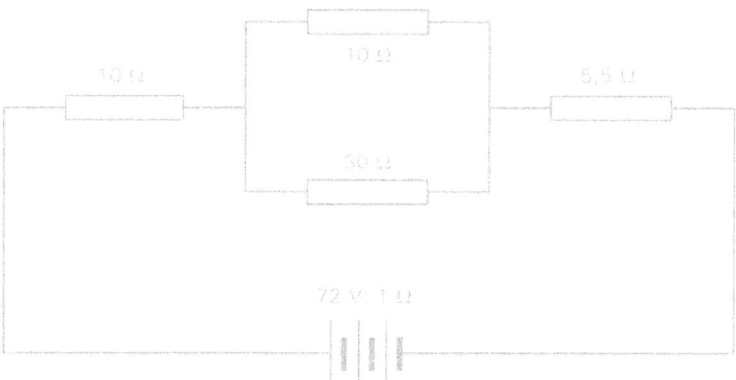

Solución:

1) Resistencias:

1.1 R(10) // R(30) = 7,5 Ω

1.2 R_T = 1 + 10 + 7,5 + 5,5 = 24 Ω

2) $I_T = \dfrac{Fem}{R_T} = \dfrac{72V}{24\,\Omega} = 3\,A$

3) cdt – $I_{parciales}$

3.1 cdt(i) = ri.I = 1Ω x 3A = 3 V

3.2 Ub = fem – cdt(I) = 72V – 3V = 69 V

3.3 cdt(10) = R.I = 10 Ω x 3A = 30 V

3.4 cdt(7,5) = R.I = 7,5 Ω x 3A = 22,5 V

3.4.1 $I(10) = \dfrac{22,5\,V}{10\,\Omega} = 2,25\,A$

3.4.2 $I(30) = \dfrac{22,5\,V}{30\,\Omega} = 0,25\,A$

3.5 cdt(5,5) = R.I = 5,5Ω x 3A = 16,5 V

2.9. Trabajo y potencia

2.9.1. Trabajo y potencia en mecánica

Recordemos...

En mecánica, decimos que se realiza un trabajo cuando una fuerza desplaza un cuerpo o lo deforma.

La potencia es la magnitud que expresa la razón trabajo/tiempo; dicho de otra manera, una máquina más potente realiza un determinado trabajo en menos tiempo que otra de menor potencia.

Trabajo = Fuerza x desplazamiento

$W = F \cdot e$

Julio = Newton . metro

$J = N.m$

Potencia $= \dfrac{Trabajo}{tiempo}$

$P = \dfrac{W}{t}$

Vatio $= \dfrac{Julio}{segundo}$

$W = \dfrac{J}{s}$

Por su importancia histórica y, sobre todo, porque se usa todavía en muchas ocasiones, es imprescindible recordar, la caloría.

Una caloría es la cantidad de calor necesario para elevar 1 grado centígrado (entre 14,5ºC y 15,5 ºC) la temperatura de 1 gramo de agua.

Calor específico de una sustancia: es la cantidad de calor (de energía) necesarios para elevar 1 grado la temperatura de una sustancia.

En los ejemplos se aplican estos conceptos.

2.9.2. La potencia en función de magnitudes eléctricas

Si la tensión se define como:

$$Tensión = \dfrac{Trabajo}{Carga} \Rightarrow U = \dfrac{W}{Q}$$

se deduce:

$$U = \dfrac{W}{Q} \Rightarrow W = U \cdot Q$$

y dividiendo ambas expresiones por t (tiempo):

$$\dfrac{W}{t} = U \cdot \dfrac{Q}{t} \Rightarrow \boxed{P = U \cdot I}$$

expresión ésta de la potencia en función de magnitudes eléctricas.

Como ampliación y por su importancia en los cálculos de sistemas de tracción mecánica, pueden estudiarse estas expresiones:

$$\begin{cases} P = \dfrac{W}{t} = \dfrac{F \cdot e}{t} = F \cdot v \\ \\ v_{lineal} = \omega \cdot r. \end{cases}$$

y, por tanto,

$$P = F \cdot \omega \cdot r$$

con :

P en vatios

F en newtons

ω en rad/s

r en metros

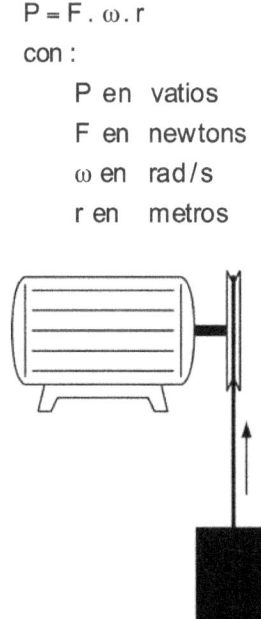

Ejemplos propuestos:

¿Cuál es la velocidad de subida de una carga arrastrada por una polea de 0,5 m de radio y solidaria con el eje de un motor que gira a 143 rpm?

¿Cuál es el peso máximo que puede subir este motor si su potencia es de 3 kW?

2.9.3. Energía, trabajo, consumo

Cuando se realiza un trabajo se está realizando una conversión energética. Pero este proceso abarca tres partes conceptualmente diferentes que, aunque dimensionalmente son lo mismo, expresan diferentes "momentos" del proceso "trabajo".

* Energía: capacidad para realizar un trabajo.

* Trabajo: la conversión de la energía "A" en la energía "B".

* Consumo: la medida de la energía "A" consumida.

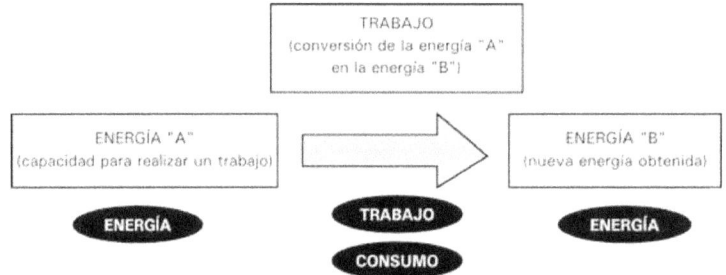

La magnitud trabajo se suele expresar con W (no puede confundirse con el símbolo de vatio, puesto que éste lo es de una unidad y el de trabajo lo es de una magnitud).

La expresión física y matemática de estas magnitudes tiene diversos enfoques:

1) Partiendo de la definición de potencia, como trabajo/tiempo, y despejando trabajo, queda:

Trabajo = Potencia x tiempo

Esta expresión es importante porque la medida del consumo suele expresarse como en producto de la unidad de potencia en kW por la unidad de tiempo hora, obteniéndose el kW.h (`nunca: kW/h!).

2) Partiendo de la Mecánica, la unidad de trabajo es el julio (J), como ya se ha dicho.

3) Una magnitud muy importante es también el par o momento de una fuerza, que dimensionalmente es igual a la energía:

- Trabajo = Fuerza x desplazamiento
- Par = Fuerza x distancia

3. ELECTROSTÁTICA Y CONDENSADORES

Después del primer paso dado con el estudio de la electrodinámica, se tiene ya una idea práctica y conmensurable de las principales magnitudes eléctricas. Así, el estudio de la electrostática, siempre más distante de la percepción diaria de la electricidad, deberá resultar más inteligible.

3.1. Primeras experiencias de electrostática

Se dice que las primeras experiencias con la electricidad fueron por la atracción que el ámbar ejercía sobre algunas pequeñas partículas.

Es normal atraer papelitos con un bolígrafo de plástico que se ha frotado previamente con un jersey. Este fenómeno se denomina electrización por frotamiento.

Sistematizando (es decir, la realización de pruebas ordenadas y repetidas), se vio que:

- Electrización o carga:

    - Si se frota una varilla de ámbar con un trozo de piel, la varilla queda cargada, electrizada.

    - Si se frota una varilla de vidrio con un trozo de seda, la varilla queda cargada, electrizada.

- Acciones entre varillas (cargas):

    - Si dos varillas de ámbar, cargadas, se aproximan entre sí, aparece una fuerza de repulsión entre ellas.

    - Si dos varillas de vidrio, cargadas, se aproximan entre sí, aparece una fuerza de repulsión entre ellas.

    - Si se aproxima una varilla de ámbar, cargada, a una varilla de vidrio, cargada, ambas se atraen.

Estas experiencias, unidas a los conocimientos que tenemos sobre el átomo, llevan fácilmente a las siguientes conclusiones:

- Existen dos "tipos de electricidad": vítrea y resinosa.

- Cuando se electriza una varilla de resina, en realidad, absorbe electrones, y queda cargada negativamente.

- Cuando se electriza una varilla de vidrio, en realidad, cede electrones, y queda cargada positivamente.

- Aparecen unas acciones entre ellas: las "electricidades" o cargas del mismo tipo, se repelen; las de distinto tipo, se atraen.

3.2. Estructura atómica de la materia

La naturaleza es como es y nosotros intentamos entender y explicar su comportamiento.

Entre otras cualidades, la materia manifiesta un conjunto de propiedades que denominamos "de origen eléctrico", como las que acabamos de explicar.

El estudio de la estructura atómica permite explicar el comportamiento eléctrico de la materia.

Como todos sabemos, la materia se compone de átomos. Éstos tienen una estructura similar a un sistema solar, con un núcleo central (como si fuera el sol) y unas partículas, electrones, que giran a su alrededor (como si fueran los planetas). Para concretar su comportamiento, decimos que el núcleo tiene una carga positiva y los electrones, negativa. La carga total positiva del núcleo es igual a la carga total negativa del conjunto de los electrones. Por tanto, el átomo es eléctricamente neutro.

Estas cargas eléctricas, positivas y negativas, se atraen o repelen, de manera que:

• Cargas del mismo signo se repelen.

• Cargas de distinto signo se atraen.

3.3. Carga: magnitudes y unidades

La carga eléctrica es la cualidad de la materia que origina los fenómenos eléctricos.

El símbolo de la magnitud carga eléctrica (a veces llamada también cantidad de electricidad) es "Q".

La unidad natural de carga es el electrón (e-). Pero, como suele suceder con las unidades naturales, resultan demasiado grandes o demasiado pequeñas. `En este caso es pequeñísima! Por esto, se usa el "culombio" como unidad de carga. A esta unidad se le asignó el nombre en honor de Charles de Coulomb (1736-1806). El símbolo de la unidad de carga culombio es "C".

$1 \, C = 6{,}24 \times 10^{18}$ electrones

3.4. Conductores y aislantes

La estructura atómica y molecular de ciertas sustancias permite que algunos de los electrones de la última capa se muevan libremente dentro de la sustancia, formado una especie de "nube electrónica". Esta nube permitirá una fácil circulación de los electrones dentro de dicha sustancia.

A las sustancias que tienen esta cualidad se les denomina "sustancias o materiales conductores" o, simplemente, "conductores". Son tales, por ejemplo, el cobre, la plata, el oro, el aluminio y, generalizando, los metales.

Por el contrario, aquellas sustancias o materiales que no tienen esos electrones libres y que por tanto difícilmente permiten la circulación electrónica, se les denomina "aislantes", por ejemplo, los plásticos, el papel, el aire.

Conductores: sustancias que dejan pasar con facilidad la electricidad a través de ellas.

Aislantes: sustancias que no dejan parar la electricidad a través de ellas.

Es importante tener presente que ni conductores ni aislantes son perfectos.

3.5. Sentido electrónico y convencional

La corriente eléctrica consiste, como se ha dicho, en la circulación o movimiento de cargas. Estas cargas son los electrones, que son cargas negativas. Pero inicialmente se consideró que circulaban las cargas positivas. Por eso se habla de "sentido convencional" cuando se considera que circulan las cargas positivas y "sentido electrónico" cuando se piensa que circulan las negativas o electrones. En este libro se habla siempre en sentido convencional.

Es interesante decir, ya desde ahora y simplificando, que en los sólidos la corriente eléctrica está constituida por electrones, por ejemplo, en los cables de cobre; en los líquidos, por iones (átomos que han perdido o ganado algún electrón), por ejemplo, en el electrolito de una batería de coche; por último, en los gases, la conducción es iónica y electrónica a la vez, por ejemplo, en el interior de un tubo fluorescente.

3.6. Campo eléctrico

Si colocamos en el espacio una carga (que, por convenio, suele ser positiva) crea a su alrededor una circunstancia eléctrica especial, denominada campo eléctrico.

Decimos que en un punto del espacio existe un campo eléctrico cuando al colocar en ese punto un elemento sensible al campo, es decir, otra carga, aparecen sobre ella fuerzas de origen eléctrico.

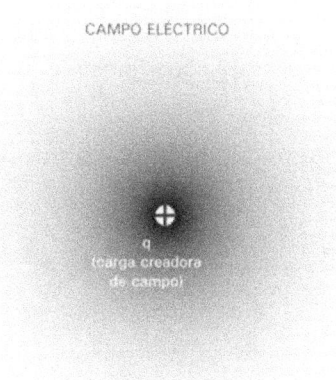

Colocamos ahora una segunda carga o carga de prueba. Al estar dentro de un campo, aparecen sobre ella fuerzas de origen eléctrico. De hecho, al ser también positiva, aparecerá una fuerza de repulsión que tenderá a llevarla desde el punto al infinito.

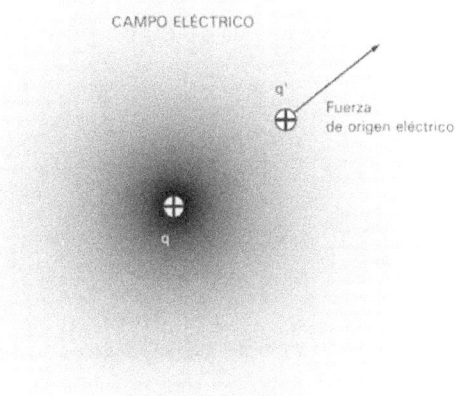

3.7. Ley de Coulomb

Esta ley cuantifica el valor de la fuerza de atracción o repulsión entre cargas:

$$F = K \frac{q \cdot q'}{d^2}$$

La constante K, con valor y magnitud, es $8,98 \times 10^9$ N.m^2/C^2. Su necesidad y discusión escapan del nivel medio de esta obra.

3.8. Tensión eléctrica

Como acabamos de ver, al colocar una carga eléctrica positiva, q', en un punto del campo tiende a desplazarse hasta el infinito, por la acción del propio campo.

Para traer la carga de nuevo del infinito al punto, en contra de las fuerzas del campo hay que realizar un trabajo.

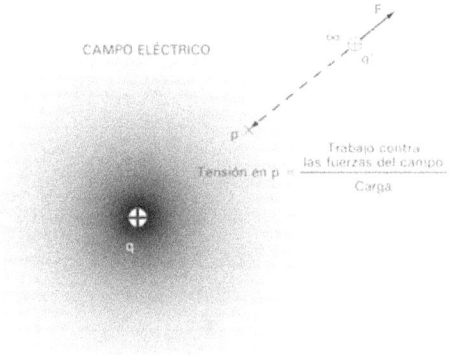

Se entiende por potencial o tensión en un punto de un campo a la razón del trabajo a la carga.

$$U = \frac{W}{Q}$$

$$\text{Voltio} = \frac{\text{Julio}}{\text{Culombio}}$$

3.9. Capacidad

Si al aplicar un potencial a un conductor aislado éste almacena carga, se dice que el conductor tiene capacidad eléctrica.

La capacidad es función de las magnitudes físicas del conductor: a más tamaño, más capacidad.

En magnitudes eléctricas, la capacidad es la razón de la carga acumulada respecto a la tensión aplicada. Evidentemente, si con muy poca tensión podemos acumular mucha carga es porque el conductor tiene mucha capacidad; si tuviera poca capacidad, haría falta mucha tensión para conseguir almacenar la misma carga.

$$\text{Capacidad} = \frac{\text{Carga}}{\text{Potencial}} \Rightarrow C = \frac{Q}{U}$$

$$\text{Faradio} = \frac{\text{Culombio}}{\text{Voltio}}$$

3.10. Condensador

Es un sistema eléctrico diseñado para almacenar carga, es decir, para tener una capacidad determinada.

El condensador de placas paralelas está constituido por dos placas aisladas y separadas entre sí por un aislante o dieléctrico.

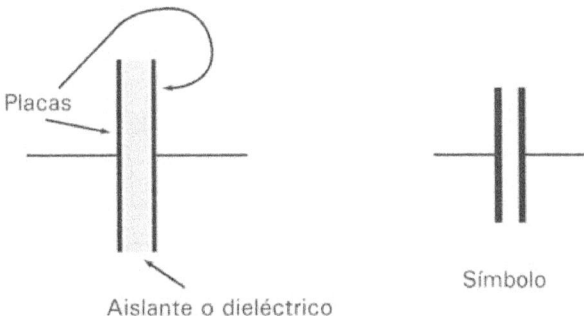

Cuando a un condensador se le aplica una tensión, por ejemplo con una pila, sus placas se cargan; en realidad, se redistribuye la carga en el conjunto: en una placa hay exceso de electrones y en la otra, defecto.

Si una vez producida esa redistribución de carga, se separa el condensador de la pila, el condensador queda cargado.

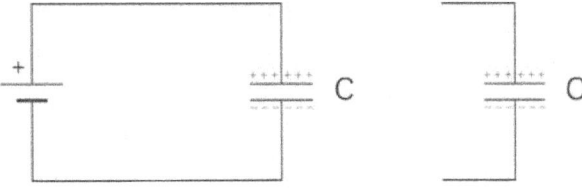

3.11. Asociación de condensadores

ASOCIACIÓN SERIE	ASOCIACIÓN PARALELO
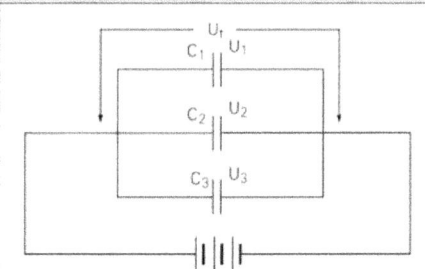	
Los condensadores están en régimen permanente en cc	

ASOCIACIÓN SERIE

Evidentemente,
la suma de la **tensiones** de carga de todos
los elementos ha de ser la tensión total aplicada
Por tanto:

$$U_t = U_1 + U_2 + U_3 + ...$$

Por otra parte,
los espacios comprendidos entre
C1 y C2 o entre C2 y C3, están **aislados** del
exterior, es decir, no pueden entrar cargas
y por tanto en esos espacios sólo puede
producirse una **redistribución** de carga.

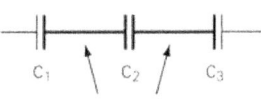

Zonas conductoras
aisladas del exterior

Redistribución de cargas al aplicar una tensión
a un sistema aislado: Q ha de ser la misma
independientemente de C

Por tanto:

$$Q_t = Q_1 = Q_2 = Q_3 = ...$$

Para calcular C_t:

$$C = \frac{Q}{U} \Rightarrow U = \frac{Q}{C}$$

$$U_1 = \frac{Q}{C_1} ; \quad U_2 = \frac{Q}{C_2} ; \quad U_3 = \frac{Q}{C_3} ;$$

sumando miembro a miembro, y sacando factor común Q:

$$U_1 + U_2 + U_3 = \frac{Q}{C_1} + \frac{Q}{C_2} + \frac{Q}{C_3} = Q\left(\frac{1}{C_1} + \frac{1}{C_2} + \frac{1}{C_3}\right)$$

haciendo el primer miembro igual U_t y despejando Q:

$$\frac{U_t}{Q} = \frac{1}{C_1} + \frac{1}{C_2} + \frac{1}{C_3} \Rightarrow \frac{1}{C_t} = \frac{1}{C_1} + \frac{1}{C_2} + \frac{1}{C_3}$$

y, despejando C

$$C_t = \frac{1}{\dfrac{1}{C_1} + \dfrac{1}{C_2} + \dfrac{1}{C_3} + ...}$$

ASOCIACIÓN PARALELO

Evidentemente,
la **tensión** en todos los elementos es la misma

Por tanto:

$$U_t = U_1 = U_2 = U_3 = ...$$

y también:

$$Q_t = Q_1 + Q_2 + Q_3 + ...$$

Para calcular C_t:

$$Q_1 = C_1 \cdot V$$

$$Q_2 = C_2 \cdot V$$

$$Q_3 = C_3 \cdot V$$

sumando miembro a miembro
y sacando factor común V:

$$Q_1 + Q_2 + Q_3 = V(C_1 + C_2 + C_3)$$

despejando y sustituyendo Q por la suma de cargas:

$$Q_1 + Q_2 + Q_3 = V(C_1 + C_2 + C_3)$$

$$\frac{Q}{V} = C_t$$

$$C_t = C_1 + C_2 + C_3$$

4. MAGNETISMO NATURAL. UNIDADES

Objetivo. La deducción sigue la evolución natural histórica; por esto, se insiste en formas de expresión como "se observa", "se ve", etc. La explicación se desarrolla en un nivel experimental-intuitivo. Todas las experiencias se pueden realizar muy fácilmente.

4.1. Magnetismo natural: proceso heurístico

- Los antiguos descubrieron que un mineral se que encontraba en sus montañas, atraía el hierro. A la piedra que tiene esta propiedad se le denomina «imán». La magnetita es un imán natural. Normalmente utilizamos imanes artificiales.

- Se observa que la acción del imán es más intensa en ciertas zonas, siendo prácticamente nula en otras. A esas zonas más activas se les denomina polos, normalmente en los extremos del imán, y línea neutra a la parte central menos activa.

- Se observa también que, si se deja mover libremente un imán, se orienta siempre del mismo modo respecto a la Tierra. La brújula se basa precisamente es este fenómeno.

- Por este motivo, históricamente, se llamó «polo norte» del imán a la parte de éste que señala al norte geográfico; y se llamó «polo sur» del imán, a la parte de éste que señala al polo sur geográfico.

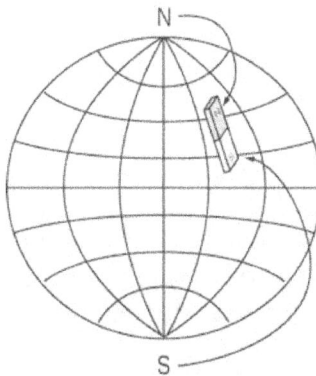

- Si espolvoreamos partículas o limaduras de hierro en la zona próxima al imán, aparece un dibujo característico, denominado «espectro magnético», y que se asemeja a unas líneas curvas especiales.

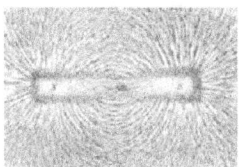

- A estas líneas imaginarias las denominamos "líneas de fuerza", y se dice que son líneas curvas y cerradas, que "salen" por el polo norte del imán y "entran" por el sur, "circulando" por el interior de sur a norte (no hay circulación, es una forma de expresión).

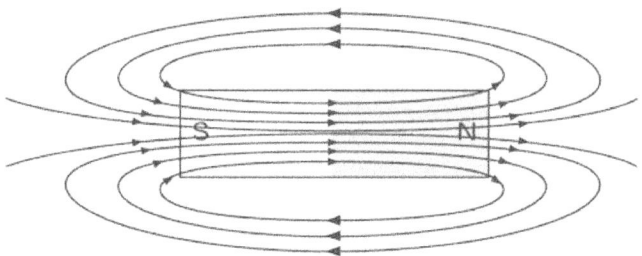

- Se observa también que hay imanes que atraen con más fuerza que otros. Al hacer el espectro magnético, se ve que los más fuertes tienen un espectro magnético "más denso o apretado".

- Así las cosas, decimos que en un punto del espacio existe «campo magnético» si al colocar en dicho punto un elemento sensible al magnetismo (por ejemplo, un trozo de hierro), aparecen sobre él unas fuerzas de origen magnético.

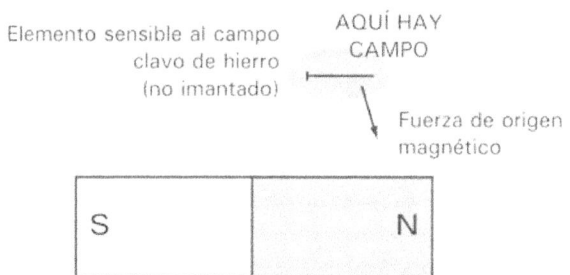

- Si en el interior de un campo magnético, colocamos un trozo de hierro, éste concentra las líneas de fuerza que "van" por el aire sobre sí mismo y tiene un efecto multiplicador del magnetismo. A este tipo de materiales se les denomina «materiales ferromagnéticos».

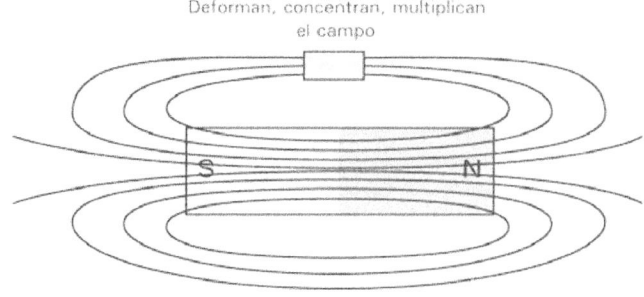

40

- Con lo estudiado, se pueden observar las "acciones entre imanes". Al acercar varios imanes entre sí, se observa que:

    - Los polos del mismo nombre se repelen.

    - Los polos de distinto nombre se atraen.

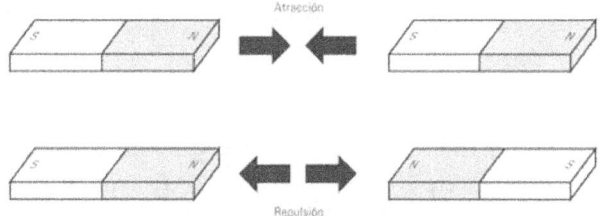

- Si un imán se divide, las líneas de fuerza o de campo siguen "entrando" por una parte (sur) y "saliendo" por otra (norte): es decir, cada trozo es un nuevo imán.

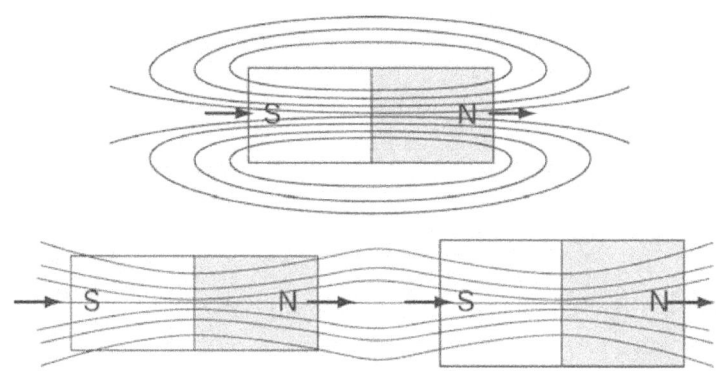

- Visto lo que sucede al fraccionar un imán, podemos admitir que un imán se compone de "pequeñísimos imanes subatómicos". En un cuerpo imantado, estos imanes están todos orientados en el mismo sentido; en un cuerpo desimantado, están dispuestos desordenadamente.

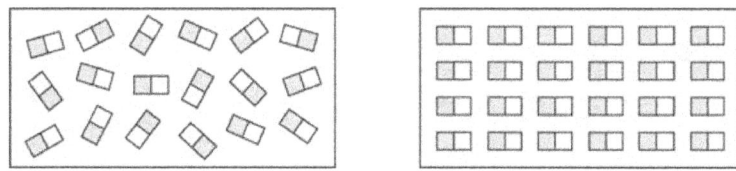

- Hay sustancias que, al acercarles un imán se quedan imantadas. En ellas, después de retirar el campo exterior, los "imanes subatómicos" se quedan orientados. Otras sustancias, al retirar el campo exterior, vuelven a su estado de no imantación.

41

4.2. Primeras magnitudes en magnetismo

El espectro magnético, que dibujan las líneas de fuerza o de flujo, permite definir la magnitud flujo magnético, que representa el número total de líneas de fuerza.

Se simboliza por la letra griega mayúscula fhi:.Φ.

Su unidad es el weber (Wb).

Puesto que se observa que el imán más potente tiene las líneas más "apretadas" o tiene más líneas, hay que definir otra magnitud que representa el número de líneas de fuerza o de campo por unidad de superficie: es la inducción magnética.

Se simboliza por la B.

Su unidad es la tesla (T).

5. FUENTES DE CAMPO: LA CORRIENTE ELÉCTRICA CREA CAMPO MAGNÉTICO

5.1. La corriente crea campo: proceso heurístico

- Históricamente, Oersted (físico danés) en 1819, observó que al conectar un circuito, en su mesa de trabajo, se movía una brújula próxima. Y que, si la corriente era suficientemente importante, llegaba a ponerse perpendicular al cable. Observó también que, si se cambia en sentido de la corriente en el cable, cambia 180º la posición de la brújula.

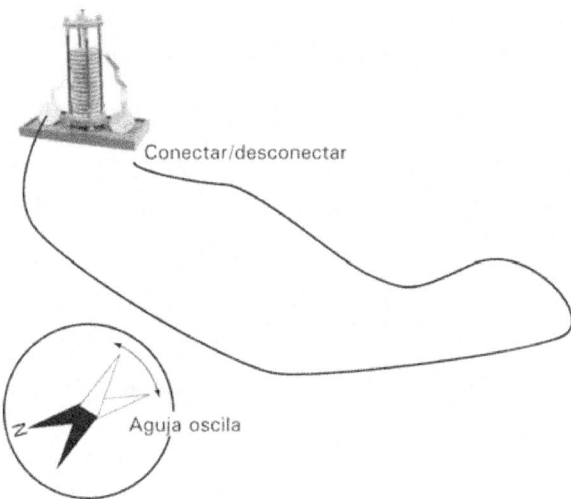

- Sistematizando este hecho, se observa que una corriente crea un campo a su alrededor.

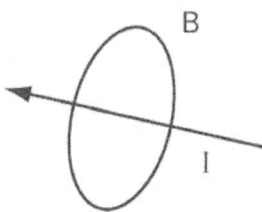

- Se comprueba que la inducción B obtenida es directamente proporcional a la intensidad de la corriente (I) e inversamente proporcional a la distancia (la expresión indica proporcionalidad, no igualdad).

$$B \Rightarrow \frac{I}{d}$$

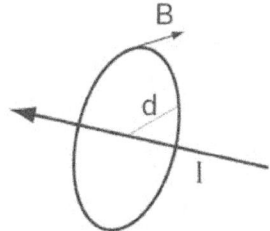

- El sentido de dicho campo, sigue la «ley del sacacorchos»: si se hace girar el sacacorchos de modo que avance linealmente en el sentido de la corriente, el campo gira en el sentido de giro del sacacorchos.

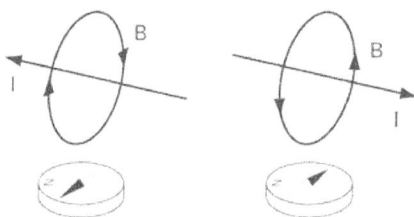

- Si el conductor rectilíneo citado se enrolla formando una espira, el campo B que forma la corriente I en cada punto convierte a esta espira en un imán plano, en el que el campo entra por un lado (polo sur) y sale por el otro (polo norte). En la primera figura, las líneas de fuerza entran por el centro de la espira y salen por el otro lado del papel. En la segunda figura, se ve la misma espira desde la parte superior de la hoja: el sentido de la corriente en la espira y, por tanto, el sentido del campo, B, que entra en la hoja de papel.

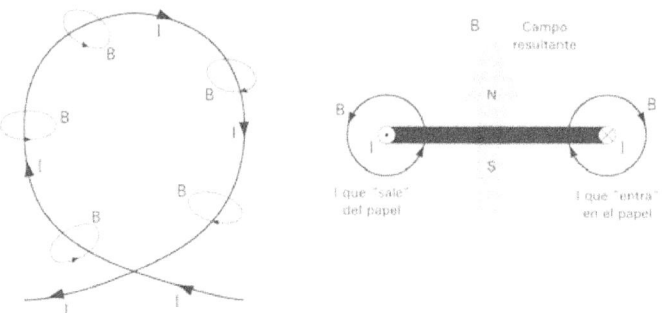

- Si el conductor rectilíneo citado se enrolla en forma de carrete o bobina, se obtiene un conjunto de corrientes circulares, lo que constituye un solenoide. El campo resultante de aplicar una I a esta bobina la convierte en un imán con el norte a la izquierda (atención al sentido de arrollamiento y al sentido de la corriente).

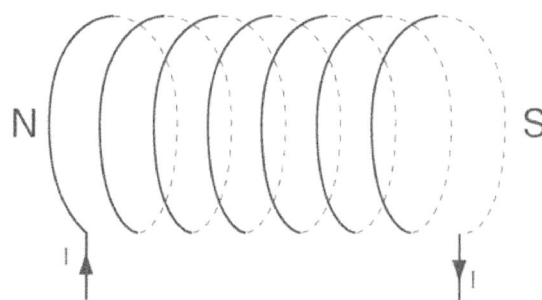

- Observamos muy fácilmente que el valor del campo en el interior de la bobina depende de:

  - Número espiras (N).

  - Intensidad de corriente (I).

  Además, aunque puede ser menos intuitivo, el valor de este campo es inversamente proporcional a la longitud de la bobina (l).

- Si esta bobina se construye sobre aire o sobre otros núcleos (aluminio, hierro,...), observamos que el campo resultante es diferente: el núcleo se comporta como un factor multiplicador.

  Así nos aparece la necesidad de definir una nueva magnitud que depende del medio: la permeabilidad magnética.

5.2. Sistematizando. Magnitudes y unidades

Flujo magnético: número total de líneas de fuerza.

Se simboliza por la letra griega mayúscula fhi: F.

Su unidad es el weber (Wb).

Inducción magnética: número de líneas de fuerza o de campo por unidad de superficie.

Se simboliza por la B.

Su unidad es la tesla (T).

$$B = \frac{\Phi}{A}; \quad T = \frac{Wb}{m^2}$$

Intensidad de campo: fuente creadora de campo.

Se simboliza por la H.

Su unidad es el Av/m (amperio-vuelta/metro).

$$H = \frac{N.I}{l}$$

Permeabilidad magnética: constante que depende del medio.

Se simboliza por la letra griega m minúscula: μ

$$\mu = \frac{B}{H} = \left[\frac{T}{\frac{Av}{m}} \right]$$

Ecuación fundamental:

$$B = \mu . H$$

$$B = \mu . \frac{N.I}{long}$$

La permeabilidad puede ser y usarse como:

- Permeabilidad absoluta.

- Permeabilidad relativa que se define en relación a la permeabilidad del vacío: μo.

5.3. Ampliación

5.3.1. Electroimán

El solenoide (conjunto de corrientes circulares, planas, paralelas) con un núcleo de acero (de diversas permeabilidades) constituye un electroimán. Se emplean en contactores, grúas, cierres eléctricos...

5.3.2. Acciones entre conductores

La interacción de los campos creados por dos corrientes a lo largo de dos conductores paralelos hace que éstos queden sometidos a una fuerza de atracción-repulsión.

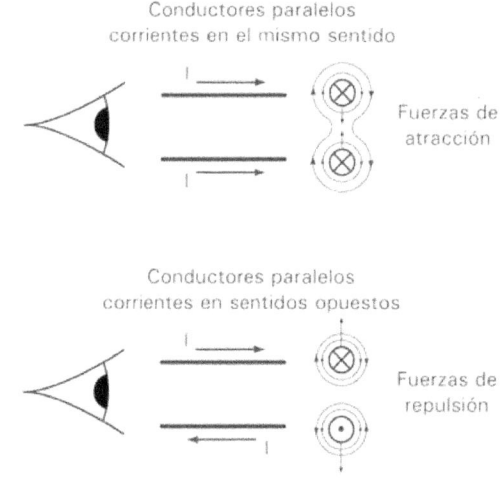

5.3.3. Definición de amperio

Actualmente, en el SI (Sistema Internacional de Magnitudes y Unidades), el amperio se define por esta fuerza de atracción o repulsión entre conductores al ser recorridos por una corriente:

"Amperio es aquella intensidad de corriente constante que mantenida a lo largo de dos conductores rectilíneos, paralelos, de longitud infinita y sección circular despreciable, colocados en el vacío a una distancia de

1 metro, produce entre ellos una fuerza de atracción o repulsión de 2 . 10^{-7} newton por metro de longitud".

5.3.4. Esfuerzos electrodinámicos entre conductores en cortocircuito

Estas fuerzas de atracción/repulsión provocan grandes esfuerzos electrodinámicos sobre los conductores.

En algunas ocasiones se aprovechan para acelerar la separación de los contactos de los interruptores automáticos, ayudando al corte de grandes picos de corriente.

Cuando se producen cortocircuitos, los esfuerzos electrodinámicos sobre barras y conductores son enormes, llegando a arrancar los conductores de sus apoyos y provocando deformaciones impensables, especialmente cuando estos cortocircuitos se producen muy cerca de los transformadores de alimentación y distribución.

5.3.5. Gráficas de las chapas magnéticas

La relación $B = \mu.H$ permite la confección de las gráficas o curvas de magnetización o curvas de permeabilidad, μ.

En ellas se relaciona la "causa creadora de magnetismo" o intensidad de campo ($H = NI/L$) con la inducción, B, obtenida. De esta forma se obtiene la gráfica de la chapa. Esta gráfica será necesaria para la utilización de la chapa en la fabricación de las máquinas eléctricas, por ejemplo, motores, transformadores, etc.

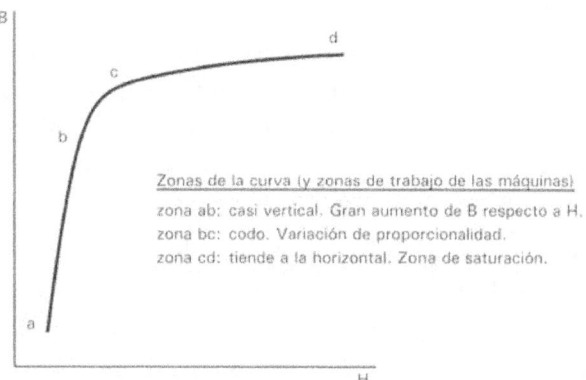

Zonas de la curva (y zonas de trabajo de las máquinas)
zona ab: casi vertical. Gran aumento de B respecto a H.
zona bc: codo. Variación de proporcionalidad.
zona cd: tiende a la horizontal. Zona de saturación.

5.3.6. Histéresis

Cuando se aplica un campo magnético a una sustancia, ésta se imanta. Al suprimir el campo exterior, la chapa o sustancia no vuelve a su estado anterior, sino que queda magnetizada, en mayor o menor grado,

47

dependiendo del tipo de acero de que se trate. A este fenómeno se le denomina "histéresis magnética" o memoria magnética de la situación magnética anterior.

Se denomina magnetismo remanente al valor de B, es decir, de imanación, que queda en la chapa al cesar la causa, H. Para llegar a anular este valor de B debe de aplicarse una fuerza coercitiva, H negativa o cambio de sentido de la intensidad.

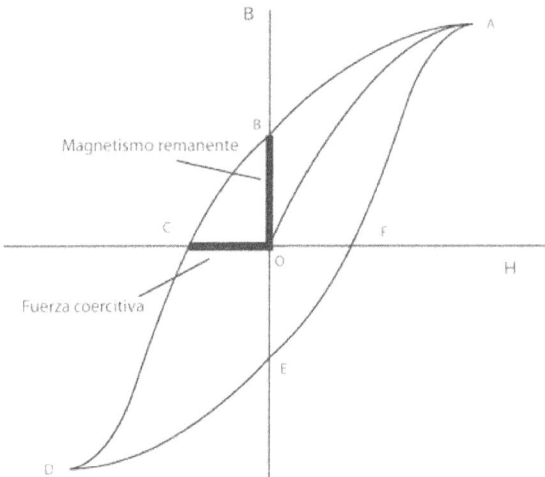

5.3.7. Elección de la chapa

En cualquier aplicación del electromagnetismo, debe de elegirse con sumo cuidado la sustancia del núcleo, por su curva de magnetización y por su ciclo de histéresis.

• Los imanes permanentes (polos de máquinas, imanes de altavoces...) deben de tener un gran magnetismo remanenente; se utilizan aceros al tungsteno, al cobalto o al cromo-níquel. Los modernos imanes cerámicos siguen una técnica de fabricación diferente obteniéndose imanes muy buenos y de gran duración.

• Núcleos que han de trabajar con B variable y que deben de tener el menor magnetismo remanente, por ejemplo, motores asíncronos, núcleos de electroimanes, etc. Se utiliza chapa de acero al silicio.

• Núcleos que han de trabajar con B constante, por ejemplo, bobinas de campo de alternadores. Se utiliza acero dulce, al carbono.

6. EFECTO MOTOR

Una de las principales consecuencias de lo estudiado hasta ahora es el llamado "efecto motor".

Por una parte, en el apartado magnetismo natural hemos comprobado la existencia de acciones entre polos: atracción y repulsión.

Por otra, hemos visto que una corriente es una fuente de campo.

Por tanto, será posible crear una máquina en la que:

* La interacción de campos (creados por bobinas o imanes).

* Y una disposición mecánicamente adecuada.

* Permitan obtener un movimiento (motores eléctricos).

6.1. Fuerza lateral: movimiento rectilíneo

Si hacemos circular una corriente continua, por un conductor colocado en el seno de un campo magnético, de manera que ambos sean perpendiculares, la interacción entre el campo creado por la corriente alrededor del conductor y el campo en cuyo seno está, origina la aparición de una fuerza lateral sobre el conductor.

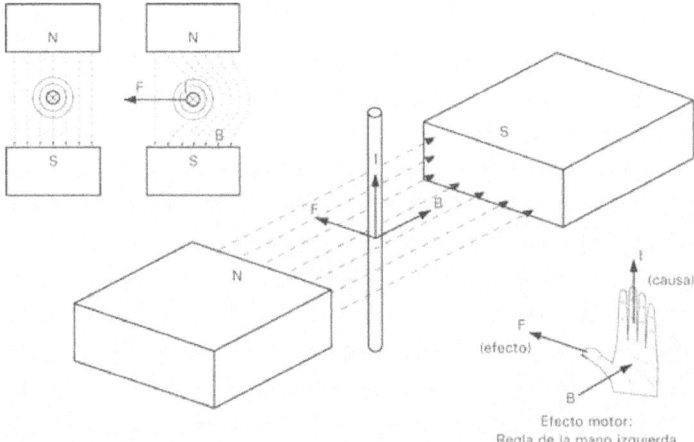

Efecto motor:
Regla de la mano izquierda

El valor de esta fuerza es:

$F = B . I . l$
siendo:

        F : la fuerza en N
        B : la inducción en T
        I : la corriente en A
        l : la longitud de conductor sometido a campo

Evidentemente, este principio de aplica a la construcción de motores, como se verá más adelante.

7. INDUCCIÓN MAGNÉTICA: "EL CAMPO (VARIABLE) CREA CORRIENTE"

Sabemos que la corriente es una fuente de campo. Pasamos ahora a otro de los grandes principios del electromagnetismo. Como en capítulos anteriores, partimos de experiencias simples.

7.1. Primeras experiencias

- Si ponemos un imán junto a un conductor, ambos en reposo, no se observa corriente en el conductor, el amperímetro no se mueve.

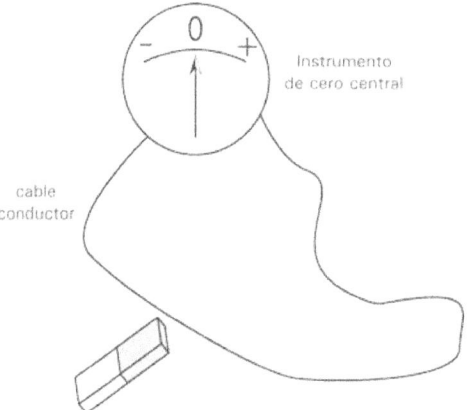

- Si movemos el cable respecto al imán o el imán respecto al cable (movimiento relativo) la aguja del instrumento lo indicará (oscilará de + a - y viceversa, respecto al cero central), lo que indica que en el conductor se ha producido una tensión y corriente que llamamos inducida: inducción por movimiento mecánico.

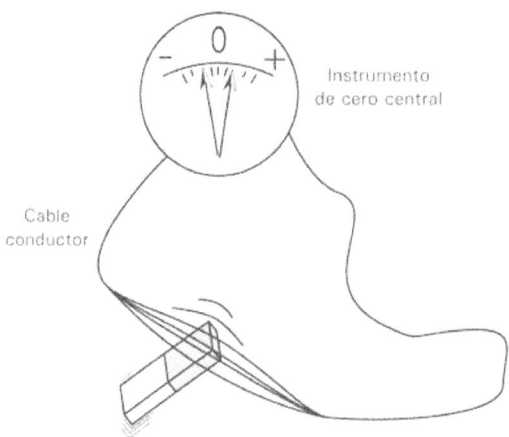

- Si sustituimos el imán por una bobina, arrollando el cable a su alrededor y hacemos variar el campo con la resistencia variable R, también aparece una f.e.m.: inducción por variación de flujo.

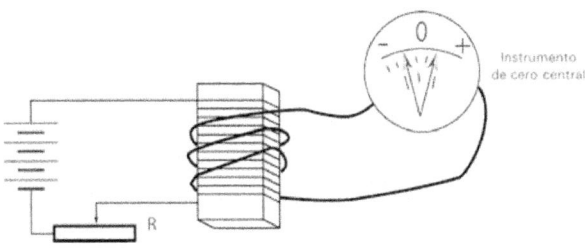

7.2. Sistematizando

- Principio: siempre que un conductor situado en un campo magnético sufre una variación del valor de flujo que lo atraviesa, se producirá en él una f.e.m. inducida que, si se cierra circuito, originará una corriente.

  La variación puede producirse:

  - Por desplazamiento relativo de campo y conductor (generadores rotativos).

  - Por variación de flujo, variando la corriente que lo crea (transformadores).

- Si desplazamos lateralmente con una velocidad v (energía exterior) un conductor de longitud l en el seno de un campo B, aparece en el conductor una f.e.m. inducida.

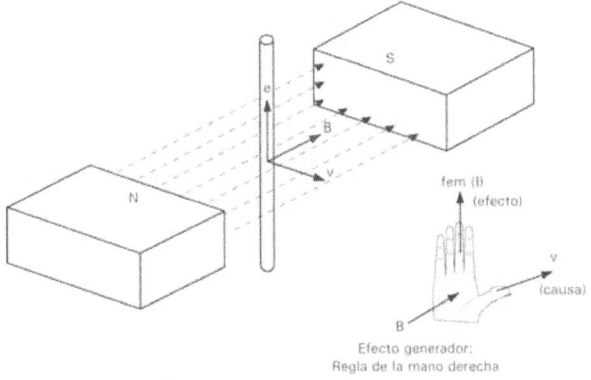

Efecto generador:
Regla de la mano derecha

El valor de esta f.e.m. inducida es

$e = B . l . v$

siendo :

      e : fem inducida en V

      B : inducción en T

      l : longitud de conductor sometido a campo en m

      v : velocidad en m / s

Este principio se aplica a todos los fenómenos en los que hay inducción.

- De forma general, podemos calcular el valor de la f.e.m. inducida con la Ley de Faraday de la inducción electromagnética: la f.e.m. inducida en un circuito cerrado es proporcional a la variación en el tiempo del flujo abarcado.

$$e = -\frac{\Delta\Phi}{\Delta t}$$

- Sentido de la F.E.M. Inducida.

En la ley de Faraday aparece un signo negativo. Este signo se debe a la ley de la inercia aplicada a la inducción electromagnética, que es la ley de Lenz: el sentido de la f.e.m. y la corriente inducidas es tal que tienden a oponerse a la variación que las produce.

Si el campo generador tiende a aumentar, el sentido del campo (que tienden a crear una f.e.m. y una corriente inducidas) será en sentido opuesto, para oponerse al aumento de campo.

Si el campo generador tiende a disminuir, el sentido del campo (que tienden a crear una f.e.m. y una corriente inducidas) será del mismo sentido, para evitar la disminución del campo generador.

7.3. El generador elemental de ca

Si hacemos girar una espira con velocidad angular constante, dentro de un campo magnético homogéneo, de forma que el eje de giro sea perpendicular al campo, se produce en la bobina una «f.e.m. inducida alterna y senoidal».

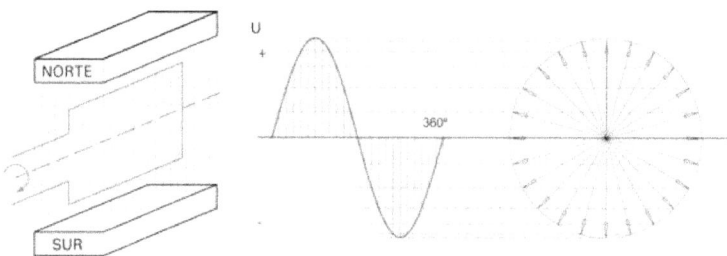

7.4. El transformador

La inducción electromagnética, es decir, la generación de f.e.m. por variación de flujo, tiene su más importante aplicación en los transformadores.

Un transformador consta de un arrollamiento de entrada, llamado primario, alimentado en ca; de un núcleo de chapas de hierra, en el que el primario crea un flujo, también variable; y de un arrollamiento de salida, denominado secundario, en el que el flujo variable induce una f.e.m. inducida.

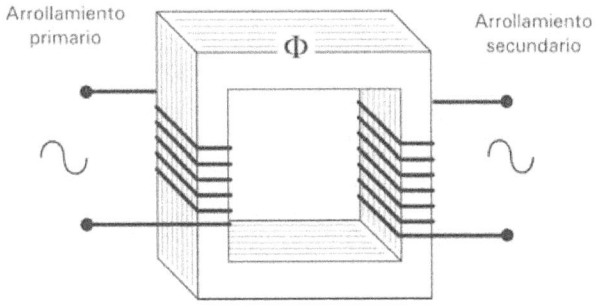

De esta forma, la potencia primaria se convierte en la potencia secundaria, según la ecuación fundamental del transformador ideal:

Potencia primario = Potencia secundario

$$Up . Ip = Us . Is$$

7.5. Corrientes de Foucault

Los núcleos de las máquinas, tanto las de corriente alterna como las rotativas de corriente continua, están sometidos a un flujo variable. Pero como los núcleos son conductores, de aceros, se induce en ellos una f.e.m. que a su vez crea unas corrientes en el propio núcleo. Estas corrientes, que producen importantes calentamientos y pérdidas, se denominan corrientes parásitas o de Foucault.

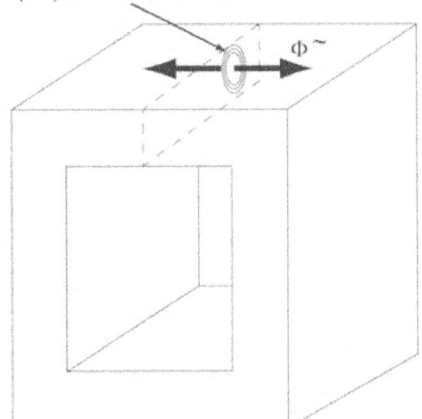

Corrientes circulares, inducidas en el núcleo, perpendiculares al Φ

Por este motivo, los núcleos de las máquinas de corriente alterna son de chapas, aisladas entre sí. De este modo, aumenta la resistencia y disminuye la corriente y, por tanto, las pérdidas.

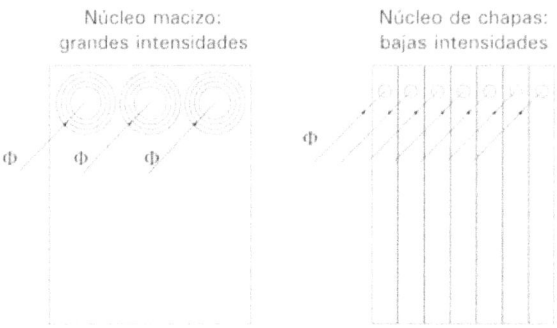

7.6. Autoinducción

7.6.1. El fenómeno

Al variar el campo aplicado a una bobina, se produce en ella una f.e.m. inducida.

Por tanto, si una bobina es recorrida por una corriente variable (causa creadora de campo) o se establece o corta su circuito de alimentación, se induce en ella misma una f.e.m. de autoinducción.

7.6.2. Definición

La autoinducción es el fenómeno por el que, al variar la intensidad de corriente que circula por un circuito, aparece en él una f.e.m. inducida.

La cuantificación de esta autoinducción es el denominado coeficiente de autoinducción:

- Según la Ley de Faraday, la f.e.m. inducida es:

$$e = -\frac{\Delta\Phi}{\Delta t}$$

- Por otra parte, y puesto que el campo creado por una corriente es directamente proporcional a su intensidad, la velocidad con que varía el flujo en el campo es directamente proporcional a la velocidad con que varía la intensidad:

$$\frac{\Delta\Phi}{\Delta t} \Rightarrow \frac{\Delta I}{\Delta t}$$

- Pero, experimentalmente puede observarse que, dependiendo del circuito, aparece un factor, que denominamos L, o coeficiente de autoinducción, que modifica la expresión anterior:

$$\frac{\Delta\Phi}{\Delta t} = L\,\frac{\Delta I}{\Delta t}$$

- Y, operando:

$$e = -\frac{\Delta\Phi}{\Delta t} = -L\,\frac{\Delta I}{\Delta t}$$

$$e = -L\,\frac{\Delta I}{\Delta t}$$

- De lo que enunciamos:

    1) La f.e.m. inducida en un circuito es directamente proporcional y de sentido contrario a la velocidad con que varía la intensidad de la corriente.

    2) El coeficiente de autoinducción, o inductancia del circuito o bobina, es el valor de la f.e.m. autoinducida cuando la intensidad de corriente varía a razón de un amperio por segundo.

7.6.3. Magnitudes y unidades. Definición de henrio

Diremos que un circuito tiene una autoinducción de un henrio cuando al variar la intensidad a razón de un amperio por segundo, se crea en él una f.e.m. de autoinducción de un voltio.

Símbolo de la magnitud: L.

El símbolo de la unidad, el henrio, es H.

7.6.4. Coeficiente de autoinducción en una bobina

La autoinducción es una cualidad de los circuitos y del componente "bobina".

A la autoinducción de una bobina se le suele denominar inductancia, aunque pueden verse los dos nombres.

La inductancia de una bobina depende de todos los condicionantes de su circuito magnético, lo que es imposible de cuantificar en una expresión simple. Para tener una aproximación, simplificamos la siguiente expresión de proporcionalidad:

$$L \Rightarrow \mu\,\frac{(n^\circ\ espiras)^2 \cdot sección}{l}$$

7.6.5. La extracorriente de ruptura

Un circuito con bobinados, es decir, con L, almacena energía en forma de electromagnética.

Al abrir un circuito de este tipo, por la ley de Lenz, la inductancia, para evitar la desaparición del campo, crea una f.e.m. (y por tanto una corriente) que tiende a mantener el campo que se está extinguiendo.

Esta energía (tensión y corriente) hace que en el elemento de corte, en el interruptor, aparezca una extracorriente de ruptura, lo que produce una chispa o arco eléctrico que todos hemos apreciado en multitud de ocasiones.

Este arco, por una parte, mantiene la circulación de corriente en los receptores, lo que en caso de cortocircuito es fatal, y, por otra, puede tener una gran energía, lo que deteriora los interruptores.

RESUMEN

Electrotecnia:

- Circuito eléctrico: generador, conductores, aparamenta, receptor.

- Las magnitudes fundamentales del circuito eléctrico son: la tensión (producida por el generador), la resistencia (de los receptores) y la intensidad de corriente (o caudal eléctrico).

- Ley de Ohm:

$$I = \frac{U}{R}$$

- Caída de tensión: siempre un producto R.I.

- Asociación serie de resistencias: la resultante es la suma de todas y es mayor que la mayor. Las caídas de tensión son directamente proporcionales a las resistencias.

- Asociación paralelo de resistencias: la resultante es el inverso de la suma de inversos y es menor que la menor. Las corrientes son inversamente proporcionales a las resistencias.

- Potencia: $P = U.I$

- Energía, consumo: $W = P.t = U.I.t$

Electrostática:

- Campo eléctrico: región del espacio en la que, al colocar en ella un elemento sensible al campo (una carga) aparecen sobre ella fuerzas de origen eléctrico.

- Condensador: componente capaz de almacenar energía en forma de campo eléctrico. Se usará después en ca.

Magnetismo y electromagnetismo:

- La acción del imán se manifiesta principalmente en sus polos por atracción o repulsión.

- La acción del imán se representa por las líneas de fuerza o de campo que salen del imán por el norte y entran por el sur.

- La corriente crea campo magnético. Su sentido del campo sigue la "ley del sacacorchos". Las bobinas recorridas por una corriente eléctrica constituyen los electroimanes.

- Efecto motor: con determinadas condiciones constructivas, sobre un conductor recorrido por una corriente aparece una fuerza lateral que tiende a desplazarlo.

- Efecto generador: al variar el campo a que está cometido un conductor (por desplazamiento relativo o por variación del campo) se produce en él una fem inducida.

- En este principio se basan los generadores rotativos (alternadores y dinamos) y los estáticos (secundario de los transformadores).

U.D. 2 CIRCUITOS ELÉCTRICOS. ANÁLISIS FUNCIONAL

M 2 / UD 2

ÍNDICE

INTRODUCCIÓN

Todos y cada uno de los montajes que podemos llevar a cabo constituyen un "circuito eléctrico". Éste tiene sus "leyes" de funcionamiento que, normalmente, nos pueden pasar desapercibidas, pero son las que en realidad rigen su comportamiento.

El estudio de los circuitos eléctricos es muy complejo y necesita herramientas matemáticas que en estos momentos aún no se han estudiado. Por ello se describen sólo circuitos sencillos que pueden resolverse con conocimientos matemáticos relativamente sencillos.

OBJETIVOS

Conocer ordenadamente los circuitos eléctricos básicos y ser capaz de resolverlos de forma simple.

1. CIRCUITO ELÉCTRICO

1.1. Circuito

Un circuito eléctrico consta de esencialmente de generador y receptor. Funcionalmente, consta de: fuente, elementos de maniobra y protección, conductores, receptor.

Son generadores o fuentes:

- De cc: las dinamos; las pilas y acumuladores. También las "fuentes de alimentación" electrónicas, que proporcionen una alimentación de cc.

- De ca: los alternadores; la conexión a la red pública de distribución de ca a 50 Hz, sea directamente, sea a través de transformadores separadores y/o reductores.

De una fuente o generador, en la práctica, interesa:

- Para cálculo de teoría de circuitos: tipo de corriente: cc o ca; f.e.m; frecuencia; resistencia o impedancia interna.

- Para diseño de circuitos e instalaciones: tipo de corriente: cc o ca; tensión; potencia y/o corriente nominales que puede proporcionar; otros datos, como tensión de cortocircuito, impedancias,...

1.2. ¿Para qué el cálculo de circuitos?

El objetivo inmediato y formal del cálculo de circuitos es conocer todos los parámetros de un circuito.

El objetivo funcional es que el circuito y todos sus elementos trabajen correctamente (cumplan su objetivo) y lo hagan con seguridad (para las persona, animales y bienes).

Para cumplir este objetivo, mediante el cálculo de circuitos se deben de determinar todos los parámetros físico-matemáticos del circuito para poder fijar el punto de funcionamiento y las interrelaciones entre los diversos elementos.

2. TIPOS Y FORMAS DE LA ENERGÍA ELÉCTRICA (TENSIÓN, CORRIENTE, POTENCIA...)

A lo largo del tema se hace referencia a la forma de las diversas señales, de tensión o corriente. El cuadro siguiente resume los principales tipos.

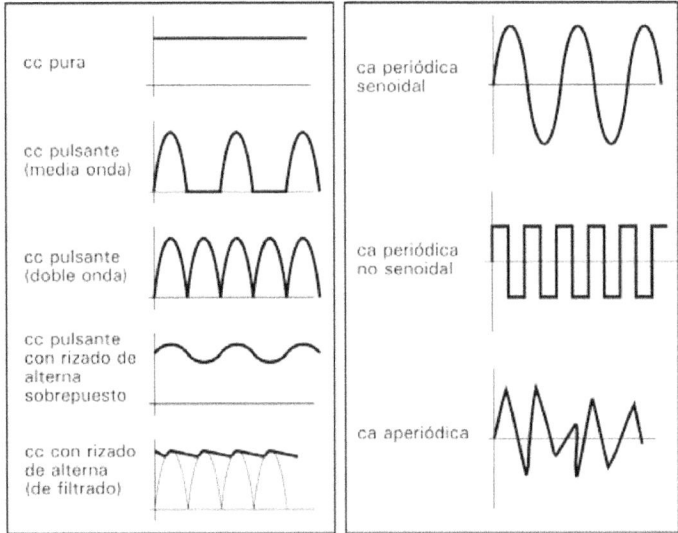

3. GENERADORES DE CC Y ASOCIACIÓN DE GENERADORES DE CC

Cada vez es mayor el número de aparatos portátiles de uso frecuente que se alimentan con generadores de cc: teléfonos móviles, discman, cámaras, receptores de radio y radioteléfonos, ordenadores,...; profesional e industrialmente: sistemas de telefonía (centrales y estaciones), sistemas de seguridad, SAI,s o UPS's, máquinas herramienta portátiles...

3.1. Noción

Los generadores electroquímicos convierten energía química en energía eléctrica. Tienen la ventaja, respecto a los electromecánicos, de que pueden almacenar energía; pero tienen el inconveniente de que la energía que contienen es limitada.

Eléctricamente, constan siempre de unos electrodos (ánodo, positivo y cátodo, negativo) y un electrolito.

Un generador electroquímico está constituido por un recipiente que contiene las placas y el electrolito y, además, unos bornes de conexión.

3.2. Tipos de elementos electroquímicos

* Elementos primarios, pilas o elementos no recargables: son los generadores electroquímicos que, una vez se han agotado, ya no son prácticamente recargables. Son los que normalmente denominamos pilas.

* Elementos secundarios, acumuladores o elementos recargables: son elementos electroquímicos reversibles, es decir, una vez descargados se pueden volver a cargar. Por ejemplo, las baterías de arranque (las de los coches) o las de un teléfono móvil. A los elementos reversibles se les suele denominar baterías.

3.3. Magnitudes eléctricas

* Tensión o f.e.m. El valor de la tensión que proporciona un elemento electroquímico depende del tipo de electrodo.

* Capacidad: es una expresión de la cantidad de electricidad que puede almacenar. Se mide en A.h o en mA.h. Esta magnitud significa, por ejemplo, que una batería de 30 A.h puede dar 30 A durante 1 hora ó 1 A durante 30 horas. En realidad la variación no es lineal: cuanto más suave sea la descarga, más tiempo dura la batería. En general, siempre debe de evitarse la carga y/o descarga rápida de elementos electroquímicos.

3.4. Tipos de acumuladores y pilas

Acumuladores de plomo-ácido: son las baterías de arranque de los coches y de instalaciones fijas de telecomunicaciones. Su tensión es de 2 V/elemento. Las baterías de plomo-ácido (no herméticas) deben de usarse con precaución porque los gases de carga son explosivos y su electrolito es muy corrosivo.

Batería de NiCd: tiene la ventaja de no emitir vapores ácidos o explosivos al ambiente. Se usan en algunas instalaciones industriales. Su tensión es 1,2 V/elemento.

El formato pila (pequeño tamaño, cilíndricas o no) se usan muchos tipos de elementos. Los hay desechables y recargables. En el siguiente cuadro se dan algunos datos técnicos.

Sistema	V/elemento	Comentario
Zn/Ag2O	1,55	de botón
NiMH	1,2	recargable (típicas de móvil)
ZnO2	1,4	de botón
NiCd	1,2	recargable
Zn/HgO	1,4 - 1,5	de botón
Li/MnO2	3	de botón
Zn/MnO2	1,5	clásica; mejorada: alcalinas no recargables

Para conocer mejor los distintos tipos de pilas actuales es aconsejable recurrir a la información (muy completa) que las marcas acreditadas tienen en internet.

3.5. Obtención de corriente eléctrica

La obtención de energía eléctrica se basa en reacciones químicas que se hacen en las placas, o entre placas y electrolito.

Durante la descarga, la reacción en el cátodo libera electrones que, circulando por el circuito exterior, llegan al ánodo en donde se recombinan.

Durante la carga, para trabajar en contra de la f.e.m. del elemento, hace falta una fuente exterior de energía, con una tensión superior a la del elemento a cargar, para conseguir hacer la reacción contraria.

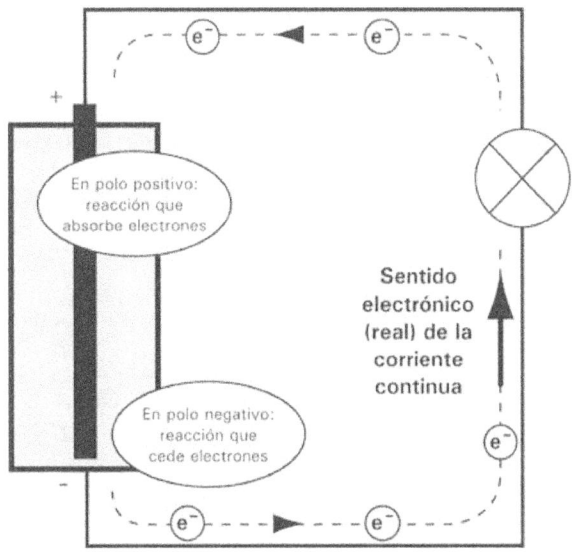

3.6. Precaución

Los generadores electroquímicos, por su propia constitución, tiene tres riesgos importantes:

• Riesgo eléctrico: como generadores tiene una energía que puede ser peligrosa. Por ejemplo, la corriente de cortocircuito de una batería de coche puede superar el kA, lo que puede producir muy fácilmente un incendio.

• Riesgo químico: los productos usados en pilas y acumuladores son todos químicamente activos, peligrosos y, hasta venenosos. Nunca deben manipularse sin especiales precauciones. Tragarse ciertos tipos de pilas de botón es mortal. El ácido de la batería del coche es muy corrosivo para la piel y peligroso para la vista.

• Riesgo ecológico: las pilas y acumuladores viejos siempre deben llevarse a los puntos de recogida. Por ejemplo, algunos tipos de pilas, pueden contaminar cientos o miles de litros de agua de un manantial y hasta de un acuífero, que es más grave.

3.7. Asociación de generadores de cc

La asociación de generadores de cc en serie es muy frecuente, puesto que, como se ha visto, la tensión que puede proporcionar cada elemento es muy baja.

Para que la asociación sea rentable en sentido electrotécnico y económico, los elementos deben ser iguales.

En la asociación serie, se suman las f.e.m. y las resistencias internas de cada elemento. La corriente del conjunto y su capacidad es la misma que la de cada elemento.

La asociación paralelo no se usa en aplicaciones domésticas, pero sí en industriales. Su estudio es complejo; aquí se obvia.

Ejemplo 1.- Hallar la ri de la pila.

CASO
PRÁCTICO

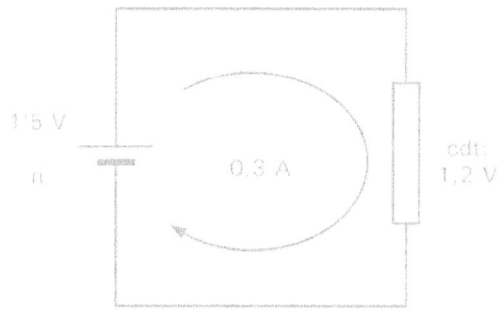

Solución

1) $U_b = fem - cdt(i) \Rightarrow cdt(i) = fem - U_b$

   $cdt(i) = 1,5V - 1,2V = 0,3\ V$

2) $cdt(i) = ri \cdot I \Rightarrow ri = \dfrac{cdt(i)}{I}$

   $ri = \dfrac{0,3\ V}{0,3\ A} = 1\ \Omega$

Ejemplo 2.- Con qué tensión alimentamos un discman que utiliza 3 elementos en serie, si:

* Utilizamos 3 pilas desechables normales (manganeso - zinc).

* Utilizamos 3 pilas recargables de NiCd.

Solución:

$fem_{total} = fem_1 + fem_2 + fem_3 = 1,5 + 1,5 + 1,5 = 4,5\ V$

$fem_{total} = fem_1 + fem_2 + fem_3 = 1,2 + 1,2 + 1,2 = 3,6\ V$

¡Por eso parece que duren menos: porque llegan antes a la tensión mínima de funcionamiento del aparato!

4. LA CORRIENTE ALTERNA: TIPO Y PARÁMETROS

4.1. Recordemos: el generador elemental de ca

Si hacemos girar una espira con velocidad angular constante, dentro de un campo magnético uniforme, de forma que el eje de giro sea perpendicular al campo, se produce en la bobina una «f.e.m. inducida alterna y senoidal».

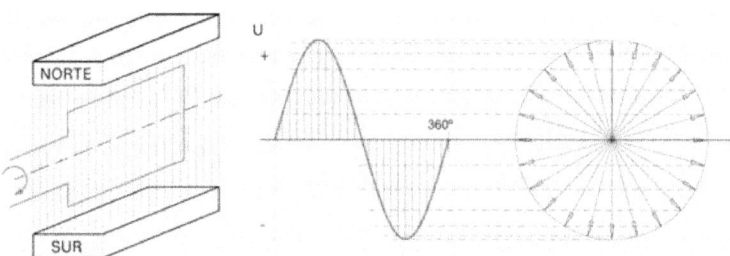

4.2. Magnitudes y valores importantes en ca senoidal

4.2.1. Magnitudes

- Ciclo: conjunto de valores que toma una señal hasta volver al inicial (en valor y sentido).

- Frecuencia: número de ciclos que completa una señal en la unidad de tiempo.

  Símbolo de la magnitud: f.

  Unidad: hertzio, que corresponde a 1 ciclo por segundo; símbolo de la unidad: Hz.

- Período: es el tiempo que se tarda en completar un ciclo.

  Símbolo de la magnitud: P.

  Unidad: segundo.

  Importante: la frecuencia es el inverso del período.

$$f = \frac{1}{P}; \quad Hz = \frac{1}{s}$$

- Pulsación: la velocidad angular de la espira.

  Símbolo de la magnitud: ω

  Unidad: rad/s; se expresa también en rpm (revoluciones por minuto); su factor de conversión es $2\pi/60$.

- Fase: ángulo de la espira en un instante dado. Se mide en unidades de ángulo, grados o radianes. Así, en trifásica, hablamos de "3 fases" porque las espiras forman un ángulo (de 120º).

4.2.2. Valores importantes

- Valores instantáneos: evidentemente, los valores cambian continuamente. Por ello, hay que hablar, ante todo, de valores instantáneos. Se representan con las letras minúsculas: e, u, i.

- Valores de pico o máximos: corresponden al punto más alto de la senoide, positivo o negativo. Se suelen expresar con letras mayúsculas y el subíndice "máx": $E_{máx}$, $I_{máx}$. Este valor será útil para saber, por ejemplo, la tensión máxima de carga de un condensador.

- Valores eficaces: éste es el valor que, salvo indicación expresa en contra, se usa normalmente y al que se hace referencia siempre al dar una valor eléctrico. Es el que marcan los aparatos de medida. Corresponde al valor de una cc que produjese los mismos efectos térmicos. Se representa por la letra mayúscula sin subíndices: E, U, I...

Relación matemática de interés:

$$E_{máx} = E \cdot \sqrt{2}; \quad \frac{E_{máx}}{\sqrt{2}} = E_{máx} \, 0,707 = E$$

4.3. Potencia en ca

La potencia se define como en producto U.I.

En cc, ambas magnitudes tienen un valor constante, por lo que su producto es, a su vez, un valor constante, es decir, no variable en el tiempo.

En ca, tanto la tensión como la intensidad varían continuamente según una función senoidal. Por tanto, su producto es también variable.

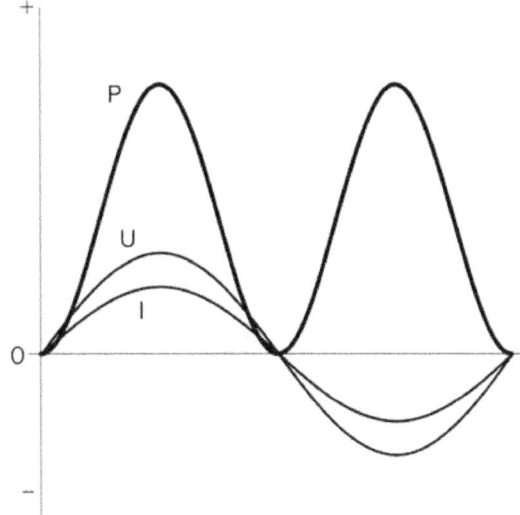

Según se observa en la figura anterior, la potencia es variable en función de los valores de U y de I. Siempre es positiva porque tensión y corriente son siempre del mismo signo.

Pero, como se verá, si tensión y corriente se desfasan, aparece un "factor de potencia", menor que la unidad, que modifica el resultado: P ≠ U.I.

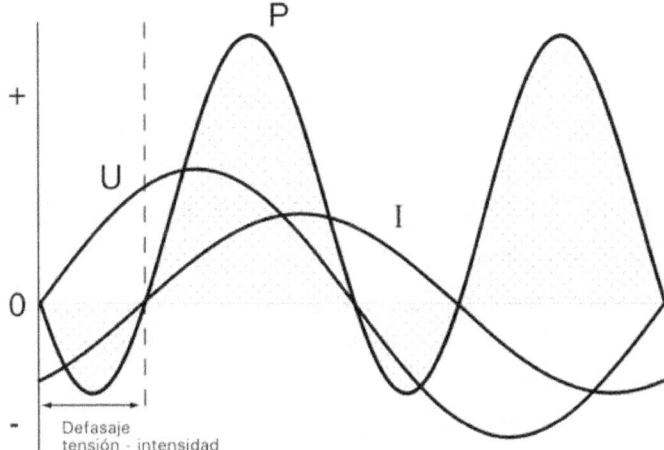

El ángulo de desfasaje se le suele denominar fhi (φ) y tiene mucha importancia en el estudio de las instalaciones reales de ca.

5. GENERADORES Y RECEPTORES

5.1. Recordemos

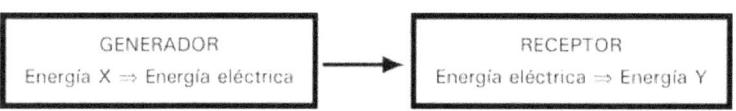

Del generador, en este capítulo, interesa: cc o ca; frecuencia; fem; impedancia o resistencia interna.

Los receptores pueden ser pasivos, R, C y L o activos, que son los que tienen su propia f.e.m., como las baterías en carga o los motores de cc (los motores de ca, en este tema, se obvian).

5.2. Polarización de receptores

Tanto en ca, como sobre todo en cc, es muy importante fijar un convencionalismo sobre los sentidos de las ddt y de las cdt. Para ello usaremos los siguientes convenios:

1) Salvo indicación en contra, trabajamos siempre con el sentido convencional de la corriente.

2) Se utilizan flechas para indicar el sentido de la corriente.

3) Se utilizan signos (+ o -) para indicar el sentido de las ddt o de las cdt.

4) Los generadores de cc tienen su propia polaridad de tensión. La corriente sale por su polo positivo y entra por el negativo, circulando por dentro del generador en sentido inverso.

5) Los generadores de ca no tienen polaridad. Pero señalizar su sentido puede ser útil para calcular las ddt entre puntos.

6) Los receptores pasivos (R, C o L) no tienen polaridad. Se les asigna polaridad en función del sentido de la corriente, poniendo el + por donde entra la corriente al elemento.

7) Los receptores activos, como acumuladores en carga, tienen polaridad propia. La corriente de carga, que entra por su polo positivo, sólo polariza la resistencia interna.

Ejemplo 1.- Calcular valores y señalizar sentidos en el circuito de la figura CASO PRÁCTICO

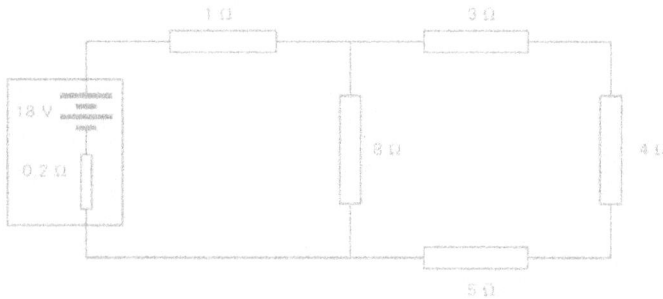

Resolución

1) $Rt = [(3 + 4 + 5) // 8] + 1 + 0,2 = 6 \, \Omega$

2) $It = 18 \, V/6 \, \Omega = 3 \, A$

3) cdt parciales: 1ª parte

   $cdt(i) = 3 \, A \times 0,2 \, V = 0,6 \, V$

   $Ub = fem - cdt(i) = 18 \, V - 0,6 \, V = 17,4 \, V$

   $cdt(1) = 3 \, A \times 1 \, \Omega = 3 \, V$

   $cdt(4,8) = 3 \, A \times 4,8 \, \Omega = 14,4 \, V$

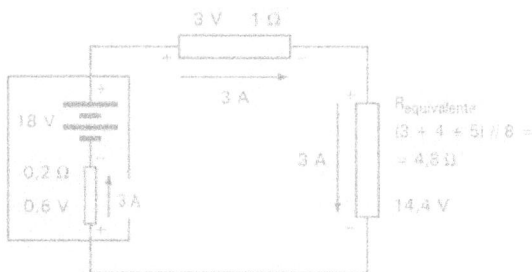

4) Resto ramas.

   Una vez conocida la ddt sobre la Req del sistema serie/paralelo [(3 + 4 + 5)//8], se aplica esa ddt a cada una de las ramas para calcular la corriente.

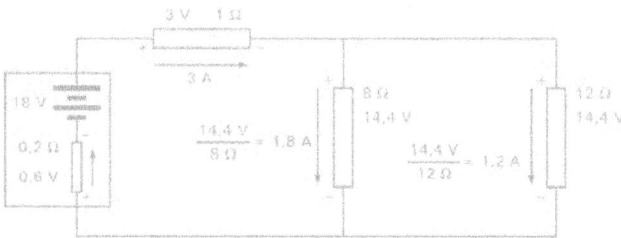

5) Sólo queda calcular la cdt en cada resistencia del sistema serie

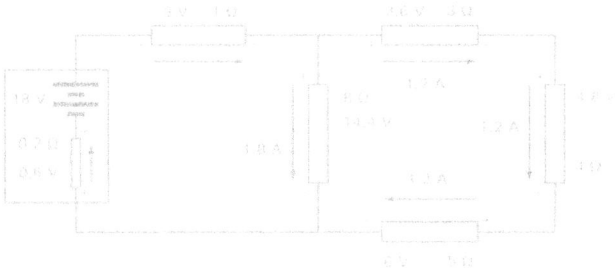

6) Para visualizar claramente el signo de las cdt, indíquese lo que marcaría cada uno de los voltímetros de la figura siguiente

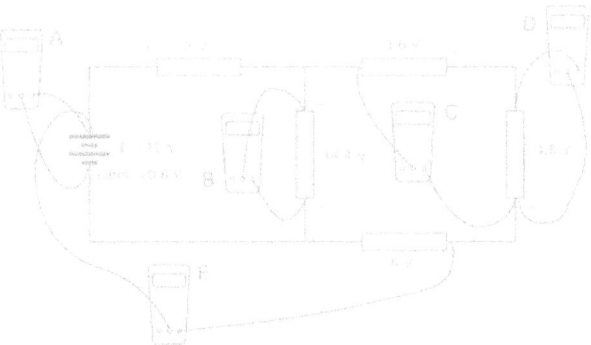

Ejemplo 2.- Resolver e indicar la lectura del voltímetro cuando el cursor del potenciómetro esté en "a", en "b", en "c" (1/2 de su recorrido), en "d" (3/4 hacia abajo).

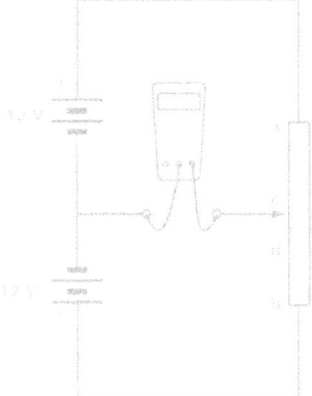

Ejemplo 3.- ¿Cuál es la corriente de carga de la batería?

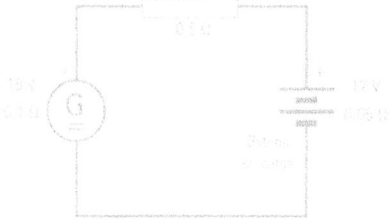

6. RECEPTORES: RESISTENCIA PURA (R)

6.1. Previo

La resistencia es una cualidad de los circuitos.

Los resistores son componentes con resistencia (dicho sencillamente, tienen mucha resistencia en poco sitio). Todo conductor tiene resistencia. Todos los aparatos y sistemas eléctricos tienen, por tanto, resistencia.

6.2. Aspectos constructivos

La resistencia de un conductor depende:

- De sus dimensiones y tipo de material:

$$R = \rho \, \frac{l}{A}$$

- De su temperatura:

$$R_c = R_{20} \left[1 + \alpha.\left(\vartheta_2 - \vartheta_1 \right) \right] = R_{20} \left(1 + \alpha.\Delta\vartheta \right)$$

6.3. Circuito con resistencia pura

Al aplicar a un circuito con resistencia pura una tensión alterna sinusoidal, sucede que:

1) Aparece una «oposición» a la circulación de la intensidad de corriente que se denomina «resistencia», cuyo símbolo es «R» y se mide en ohmios.

2) No aparece inercia a la variación de la tensión o de la intensidad, por lo que no se produce defasaje alguno entre la tensión y la intensidad de corriente

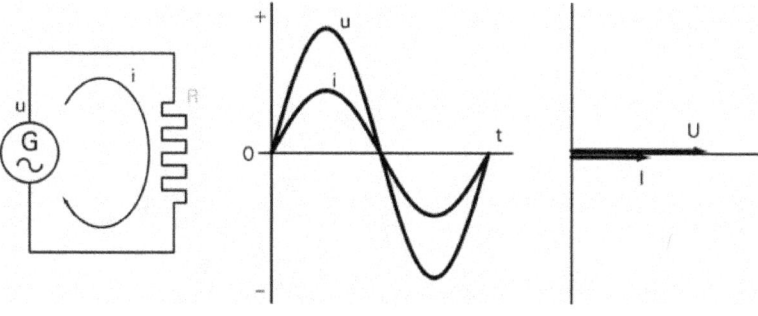

3) La intensidad de corriente es también alterna y senoidal.

4) La intensidad de corriente queda ligada a la tensión y a la resistencia por la ley de Ohm:

$$I = \frac{U}{R}$$

5) El valor de esta intensidad no queda ligado a la frecuencia.

6) La energía se libera en forma de calor siguiendo la Ley de Joule:

$$W = I^2.R.t$$

6.4. Potencia

Puesto que no hay defasaje entre la tensión y la intensidad, la potencia es el producto de ambas.

P = U.I

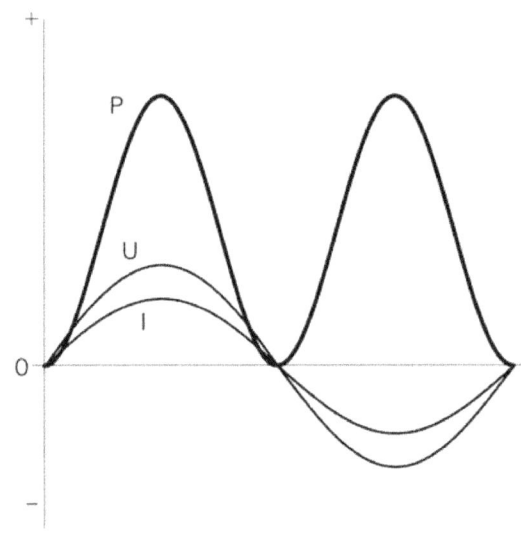

6.5. Ejemplos

Ejemplo 1.- Resolver el circuito en cc y en ca.

CASO
PRÁCTICO

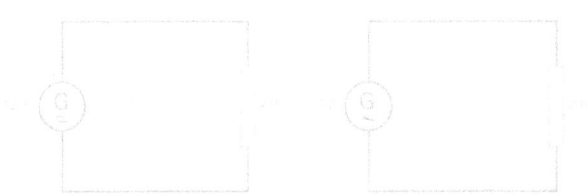

Igual en cc y en ca

$$I = \frac{12 V}{2 \Omega} = 2 A$$

7. RECEPTORES: CAPACIDAD PURA (C)

7.1. Previo

La capacidad es una cualidad de los circuitos.

Los condensadores son componentes con capacidad (dicho sencillamente, tienen mucha capacidad en poco sitio). Hay aparatos o montajes (por ejemplo, líneas eléctricas muy largas) que tienen una capacidad importante.

El estudio de esta parte es teórico, es decir, no existen circuitos con sólo capacidad, porque, siempre existe una componente resistiva (circuito RC). El objetivo de este estudio es conocer las características que definen la capacidad y las consecuencias que tiene en un circuito la existencia de capacidad.

7.2. Aspectos constructivos

1) Los condensadores son componentes cuya principal característica es poseer capacidad.

2) La capacidad de un condensador depende de su construcción; es directamente proporcional a la superficie de placa enfrentada y a una constante, e, que depende del aislante o dieléctrico e inversamente a la separación entre placas:

$$C = \varepsilon \frac{superficie}{dis\,tan\,cia}$$

7.3. Comportamiento del condensador en cc: carga/descarga

El circuito de la figura consta de una fuente de cc y un condensador; además, se inserta una resistencia para ralentizar el fenómeno y para poder aplicarla en alguna expresión matemática; también se tiene un conmutador para pasar de carga a descarga.

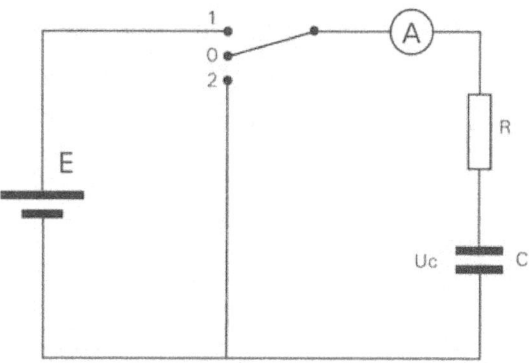

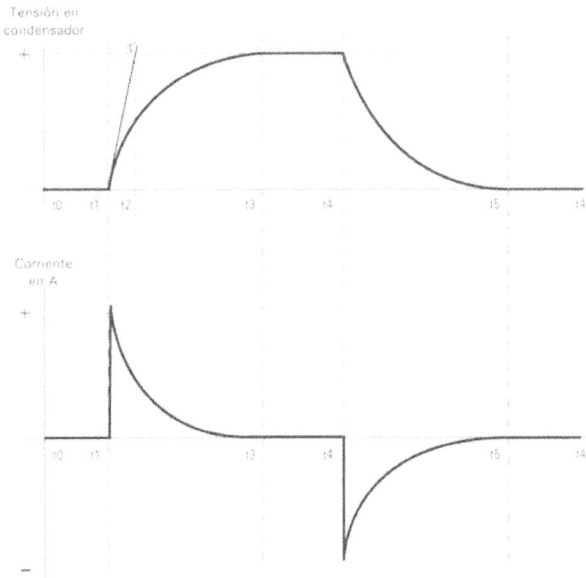

El proceso es el siguiente

- t0: Uc = 0 V.

- t1: Cerrar sobre 1. Inicio de carga. Gran pico de corriente, luego disminuye. Uc va subiendo.

- t3: La carga finaliza cuando Uc = E, y la corriente de carga es prácticamente 0 A. El tiempo de carga es aproximadamente unas 6 veces t. Pasamos el conmutador a la posición 0.

- t3-t4: El condensador permanece cargado.

- t4: Cerramos el conmutador sobre 2. Inicio de descarga. Gran pico de corriente en sentido contrario al anterior. La tensión disminuye, primero muy deprisa, después muy despacio.

- t5: Final de descarga. Uc = 0 V; I = 0 A.

Comentarios:

- R es, al menos, la resistencia del circuito de carga-descarga. Si se aumenta su valor, el proceso de carga o de descarga es más lento.

- La "constante de tiempo", τ, es la tangente a la curva en el origen.

- Su valor es: $\tau = R.C$ y en unidades: $s = \Omega.F$

- El condensador se considera completamente cargado para un tiempo de 5τ ó 6τ.

7.4. Circuito con capacidad pura

Al aplicar a un circuito con capacidad pura una tensión alterna senoidal, sucede que:

1) Aparece una «oposición» a la circulación de la intensidad de corriente que se denomina «reactancia capacitativa», cuyo símbolo es «XC», y que se mide en ohmios.

2) El valor de esta reactancia capacitativa queda ligado a la frecuencia y a la capacidad por la expresión:

$$X_C = \frac{1}{2.\pi.f.C}$$

3) Aparece, además, una inercia a la variación de la tensión, por lo que la que la I se adelanta 90º respecto a la tensión aplicada

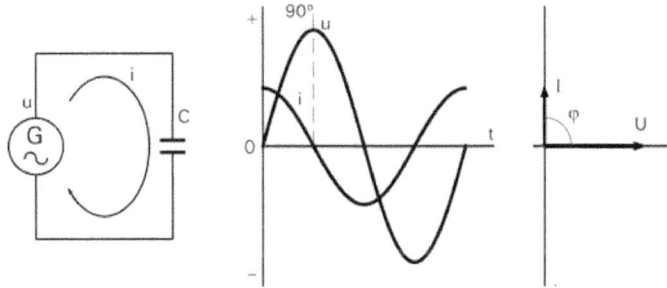

4) La intensidad de corriente es también alterna y senoidal.

5) La intensidad de corriente queda ligada a la tensión y a la reactancia por la ley de Ohm:

$$I = \frac{U}{X_C} = \frac{U}{\frac{1}{2.\pi.f.C}} = U.2.\pi.f.C$$

6) En el condensador se almacena energía en forma de campo eléctrico, según la expresión:

$$W = \frac{1}{2}C.U^2$$

7.5. Otras consideraciones

1) El condensador en cc (frecuencia cero) es un circuito abierto: la f está como factor multiplicador en la ley de Ohm.

2) Precaución con la I de conexión de condensadores.

3) Al manipular un circuito con condensadores, prever que pueden estar cargados, aunque hayan pasado horas desde que se han desconectado.

4) Las líneas largas de cables pueden tener una capacidad importante respecto a tierra.

5) Como se verá, los condensadores se utilizan para corregir el coseno de fhi, para el arranque de ciertos tipos de motores monofásicos, suprimir interferencias (antiparasitarios), para separar las componentes de ca. y de cc.

7.6. Potencia

Como se ha visto, la corriente se adelanta 90º a la tensión.

La potencia (P) (área sombreada de la figura) es cero, ya que la suma de áreas positiva y negativa es nula: no se transfiere energía a otro sistema.

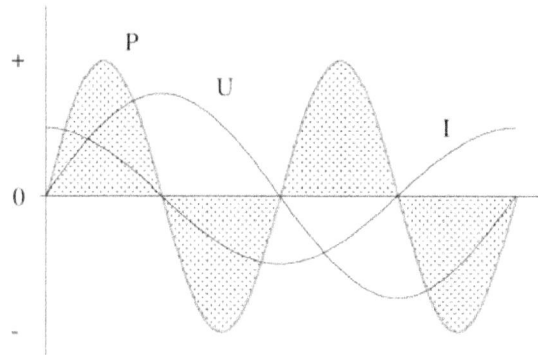

7.7. Ejemplos

Ejemplo 1.- ¿Qué XC tiene un condensador de 4 µF, como los usados en los fluorescentes, si está conectado a una red de 50 Hz?

$$X_C = \frac{1}{2.\pi.f.C} = \frac{1}{2 \times 3,14 \times 50 \times 4 \times 10^{-6}} = 795\,\Omega$$

Ejemplo 2.- ¿Qué corriente de régimen tomará de una red de 230 V, 50 Hz un condensador de 6 µF?

$$X_C = \frac{1}{2.\pi.f.C} = \frac{1}{2 \times 3,14 \times 50 \times 6 \times 10^{-6}} = 530\,\Omega$$

$$I = \frac{U}{X_C} = \frac{230\,V}{530\,\Omega} = 0,43\,A$$

Ejemplo 3.- Si el condensador del ejemplo anterior trabaja en una red de 230 V pero de 400 Hz, ¿qué corriente tomará?

$$X_C = \frac{1}{2.\pi.f.C} = \frac{1}{2 \times 3,14 \times 400 \times 6 \times 10^{-6}} = 66\,\Omega$$

$$I = \frac{U}{X_C} = \frac{230\,V}{66\,\Omega} = 3,48\,A$$

Ejemplo 4.- ¿Qué corriente de régimen tomará de una red de cc de 230 V un condensador de 6 μF?

$$X_C = \frac{1}{2.\pi.f.C} = \frac{1}{2 \times 3,14 \times 0 \times 6 \times 10^{-6}} = \infty\,\Omega$$

$$I = \frac{U}{X_C} = \frac{U}{\dfrac{1}{2.\pi.f.C}} = U.2\ \pi.f.C = 230 \times 2 \times 3,14 \times 0 \times 6 \times 10^{-6} = 0\,A$$

El condensador es un circuito abierto a la cc.

Ejemplo 5.- ¿Cuánto tiempo tarda en cargarse un condensador de 1 μF si tiene en serie una resistencia de 10.000 ohm?

$$\tau = R.C = 10.000 \times 1 \times 10^{-6} = 0,01\,s$$

$$t_{total} \approx 6\tau = 0,01 \times 6 = 0,06\,s$$

Problema propuesto.- En el circuito de la figura, hallar UC1, UC2, Uab, Ubd, una vez pasado el transitorio de carga.

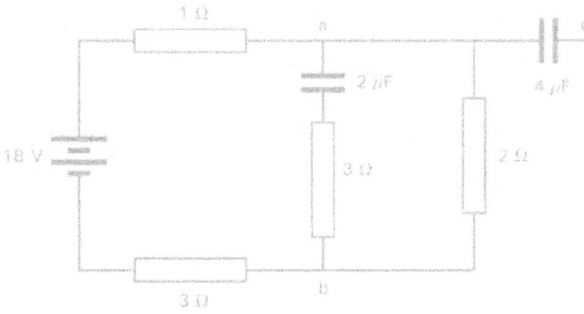

8. RECEPTORES: INDUCCIÓN PURA (L)

8.1. Previo

La inductancia (o autoinducción) es una cualidad de los circuitos.

Las bobinas son componentes con inductancia (dicho sencillamente, tienen mucha autoinducción en poco sitio). Hay aparatos (por ejemplo, los contactores o los motores) que tienen autoinducción.

El estudio de esta parte es teórica, es decir, no existen circuitos con sólo autoinducción, porque, evidentemente, cualquier bobina está hecha con conductores y éstos tienen resistencia: es decir, son circuitos RL. El objetivo de este estudio es conocer las características que definen la autoinducción y las consecuencias que tiene en un circuito la existencia de autoinducción.

8.2. Aspectos constructivos

1) Las bobinas son componentes cuya principal característica es poseer autoinducción o inductancia, L.

2) La autoinducción de una bobina depende de la forma y dimensiones del bobinado y de las características magnéticas del núcleo, según la expresión (esta expresión, sólo da una idea de proporcionalidad; no es directamente aplicable a cualquier bobina real):

$$L \Rightarrow (\text{material y dimensiones del núcleo}) \cdot (\text{n}^\circ \text{espiras})^2$$

$$L \Rightarrow \mu \cdot \frac{\text{secc. núcleo}}{\text{longitud núcleo}} \cdot (\text{n}^\circ \text{espiras})^2$$

8.3. Estudio del comportamiento en cc: conexión/desconexión

Del circuito de la figura nos interesan esencialmente la fuente de cc y la bobina o autoinducción, L; a diferencia del condensador, la resistencia R en serie no es añadida, representa la resistencia del arrollamiento de la bobina; de todos modos, la explicación se hace como si esta resistencia tuviera un valor despreciable, aunque no cero, puesto que se utiliza en ciertos puntos; los circuitos RL se estudiarán más abajo. También se ha insertado un conmutador para pasar de conexión a cortocircuito.

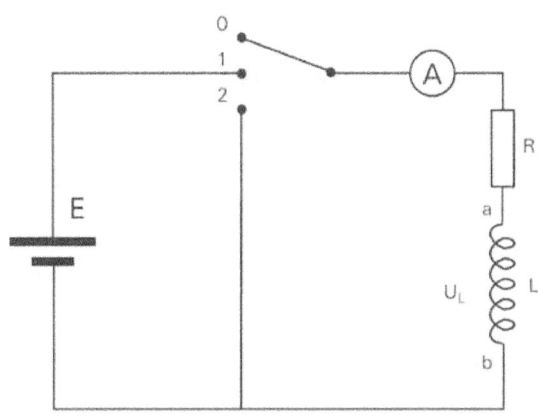

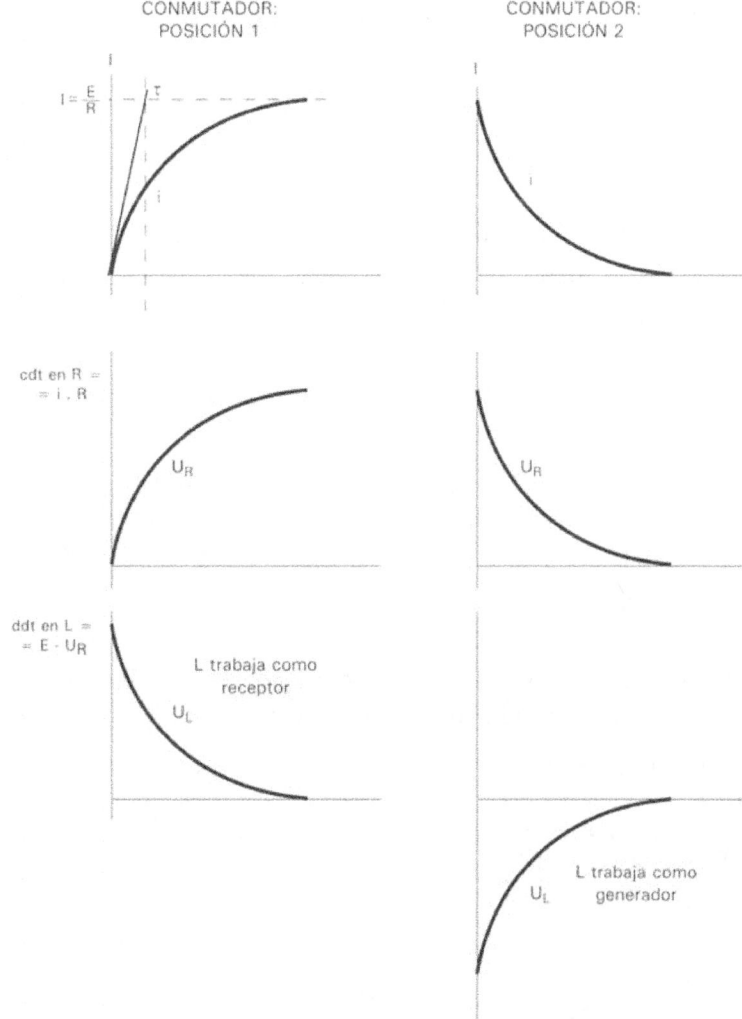

Consideraciones previas:

- El cálculo con funciones exponenciales justifica lo que elementalmente se va a explicar.

- La separación de R y L es conceptual. De hecho existe un único componente, la bobina, y sólo dos bornes en los que medir.

- La bobina está desenergizada. $U_L = 0$ V.

Se pasa el conmutador a la posición 1:

- La tensión aplicada a la bobina es E. En todo momento cdt (R) + ddt(L) = E.

- La corriente aumenta "lentamente".

- Cuando la bobina, L, está completamente energizada, la corriente es la de régimen, es decir: E/R.

- Nótese que en ese momento, a la bobina le entra la corriente por a, que, por tanto, es su lado positivo. La bobina ha creado un campo N-S que suponemos que tiene el N en a.

Se pasa el conmutador a la posición 2:

- En ese momento, la corriente tiende a disminuir, por tanto, tiende a aparecer una f.e.m. de autoinducción que, por ley de Lenz, tiene que oponerse a esa disminución de corriente y de campo.

- Por tanto, la bobina ha pasado de receptor a generador, devuelve la energía almacenada en ella.

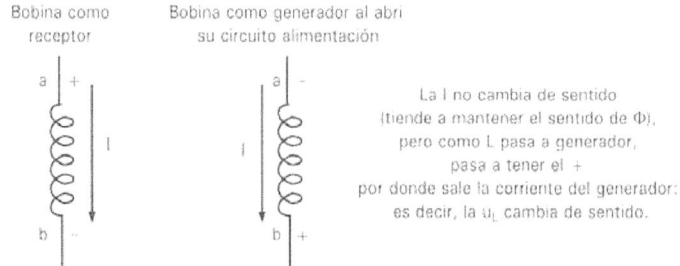

- Este mantenimiento de la I, ralentiza el proceso de cese de corriente en el circuito y atrasa la corriente respecto a la tensión.

- La constante de tiempo es:

$$\tau = \frac{L}{R}; \ \text{y en unidades}: \ s = \frac{H}{\Omega}$$

8.4. La inductancia, L, en ca

Al aplicar a un circuito con autoinducción pura una tensión alterna sinusoidal, sucede que:

1) Aparece una «oposición» a la circulación de la intensidad de corriente que se denomina «reactancia inductiva», cuyo símbolo es «XL», y que se mide en ohmios,

2) El valor de esta reactancia inductiva queda ligado a la frecuencia y a la inductancia por la expresión:

$$X_L = 2.\pi.f.L$$

3) Aparece, además, una inercia a la variación de la intensidad de corriente, por lo que la I se atrasa 90º respecto a la tensión aplicada:

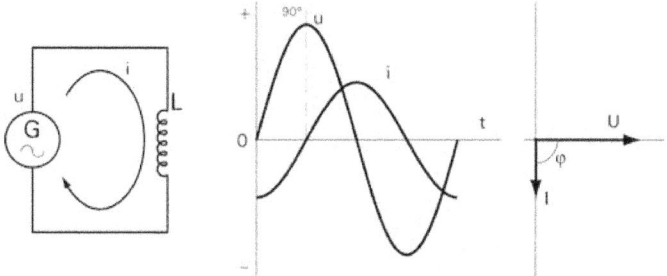

4) La intensidad de corriente es también alterna y senoidal.

5) La intensidad de corriente queda ligada a la tensión y a la reactancia por la ley de Ohm:

$$I = \frac{U}{X_L} = \frac{U}{2.\pi.f.L}$$

6) En la bobina se almacena energía en forma de campo magnético, según la expresión:

$$W = \frac{1}{2}L.I^2$$

8.5. Otras consideraciones

1) En cc (frecuencia 0 Hz), la bobina ideal (sin resistencia) es un cortocircuito.

2) Al abrir un circuito con L aparece una extracorriente de ruptura que produce un arco en los contactos del interruptor.

8.6. Potencia

Como se ha visto, la corriente se retrasa 90º a la tensión.

La potencia (P) (área sombreada de la figura) es cero, ya que la suma de áreas positiva y negativa es nula: no se transfiere energía a otro sistema.

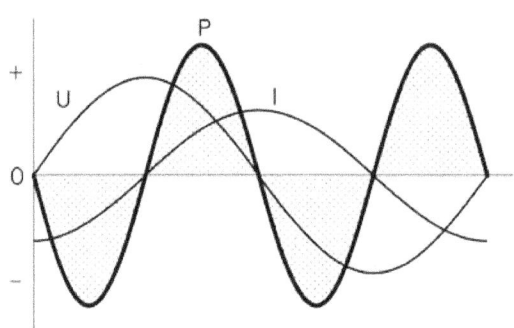

8.7. Ejemplos

Ejemplo 1.- ¿Qué corriente tomará de una red de 230 V, 50 HZ, una reactancia de 0,2 H?   CASO PRÁCTICO

$$I = \frac{U}{X_L} = \frac{U}{2.\pi.f.L} = \frac{230}{2 \times 3,14 \times 50 \times 0,2} = 0,36\,A$$

Ejemplo 2.- ¿Cuál es el valor de la constante de tiempo de una reactancia, si su resistencia son unos 100 ohm y su inductancia 2 H?

$$\tau = \frac{L}{R} = \frac{2}{100} = 0,02\,s$$

Ejemplo 3.- ¿Qué XL tiene una bobina de 0,7 H, alimentándola con una red de 50 Hz?

$$X_L = 2.\pi.f.L = 2 \times 3,14 \times 50 \times 0,7 = 220\,H$$

Ejemplo 4.- Si una reactancia toma una corriente de 0,5 A de una red de 12 V, 50 Hz, ¿qué corriente tomará de una red de 12 V de cc, supuesta una resistencia despreciable?

$$X_L = \frac{U}{I} = \frac{12\,V}{0,5\,A} = 24\,\Omega$$

$$X_L = 2.\pi.f.L \Rightarrow L = \frac{X_L}{2.\pi.f} = \frac{24}{2 \times \pi \times 50} = 0,076\,H$$

$$I = \frac{U}{X_L} = \frac{U}{2.\pi.f.L} = \frac{12}{2 \times 3,14 \times 0 \times 0,07} = \frac{12}{0} \Rightarrow \infty\,A$$

9. ASOCIACIÓN DE RECEPTORES: CIRCUITOS SERIE

El estudio de los circuitos RCL requiere una herramienta matemática relativamente complicada. Por ello en este estudio sólo se presentan casos simples que se pueden resolver de forma sencilla pero que deben de dejar claros los conceptos fundamentales.

Técnica de resolución:

1) Previos: hallar las XL y XC.

2) Impedancia y triángulo de impedancias.

3) Cálculo de la intensidad.

4) Triángulo de cdt.

5) Triángulo de potencias.

Ejemplo. Calcular circuito serie R = 3000 ohm, C = 2 µF; 230 V, 50 Hz.   CASO PRÁCTICO

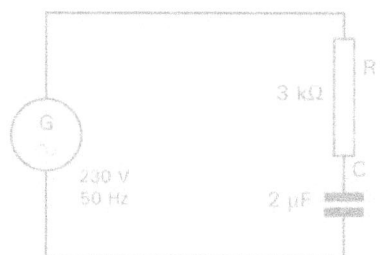

1) Previos.-

$$X_c = \frac{1}{2\pi.f.C} = \frac{1}{2 \times 3,14 \times 50 \times 2 \times 10^{-6}} = 1591,55 \ \Omega$$

2) Impedancia y triángulo de impedancias

$$Z = \sqrt{R^2 + (X_L - X_C)^2} = \sqrt{3000^2 + 1591,55^2} = 3396,03$$

$$\varphi = arc \ tg \left(\frac{1591,55}{3000} \right) = 27,9°$$

Puesto que es un circuito serie, se toma la I común como referencia, en el cateto horizontal. La tensión va retrasada 27,9º

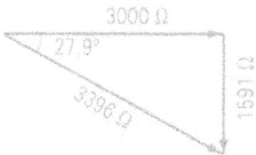

3) Cálculo de la intensidad

$$I = \frac{230\,V}{3396,03\,\Omega} = 0,067\ A$$

4) Triángulo de cdt

5) Triángulo de potencias

Cos φ = cos 27,9 = 0,88 (capacitativo)

10. ASOCIACIÓN DE RECEPTORES: CIRCUITOS PARALELO

Nota previa: La resolución se limita a circuitos simples. Se evita la utilización de números complejos.

Técnica de resolución:

1) Previos: hallar las X_L y X_C. Hallar las admitancias.

2) Triángulo de corrientes parciales.

3) Triángulo de potencias.

Ejemplo. Calcular circuito paralelo R = 300 ohm, C = 3 μF, L = 0,8 H; 230 V, 50 Hz.

CASO PRÁCTICO

1) Previos: hallar las XL y XC

$$X_L = 2.\pi.f.L = 2 \times 3,14 \times 50 \times 0,8 = 251,33 \; \Omega$$

$$X_C = \frac{1}{2\pi.f.C} = \frac{1}{2 \times 3,14 \times 50 \times 3 \times 10^{-6}} = 1061,03 \; \Omega$$

2) Triángulo de corrientes.

Como es un circuito paralelo, es más fácil calcular las corrientes parciales y construir con ellas el triángulo de corrientes, evitando trabajar con admitancias. (1/Z).

$$I = \frac{U}{R} = \frac{230\,V}{300\,\Omega} = 0,77 \; A$$

$$I = \frac{U}{X_L} = \frac{230\,V}{251,33\,\Omega} = 0,91 \; A$$

$$I = \frac{U}{X_C} = \frac{230\,V}{1061,03\,\Omega} = 0,22 \; A$$

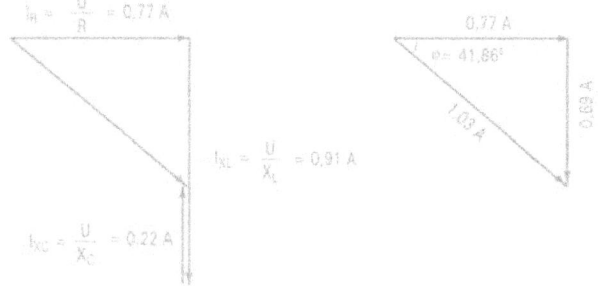

93

94

3) Triángulo de potencias

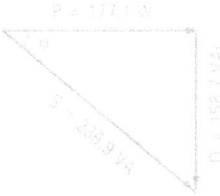

11. POTENCIA EN CA

Como resumen, y observando los triángulos construidos en la resolución de los ejercicios anteriores, digamos que:

- La potencia activa (P), que se mide en W (o en kW), es la única transferible a otro sistema, sea en forma de potencia luminosa, mecánica, calorífica, acústica, etc.

- La potencia aparente (S), que se mide en VA (o en kVA), es la que corresponde al producto algebraico de la tensión por la intensidad de corriente. Evidentemente ignora el posible defasaje tensión-corriente, y por ello se denomina «aparente».

- La potencia reactiva (Q), que se mide en VAr (o en kVAr), aparece por el defasaje que provocan los componentes C y/o L.

Potencias

S = U.I [VA o kVA]

P = U.I.cos φ [W o kW]

Q = U.I.sen φ [VAr o kVAr]

Consumos o energías

Energía activa = U.I.t.cos φ [kW.h]

Energía reactiva = U.I.t.sen φ [kVAr.h]

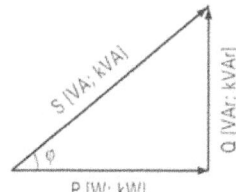 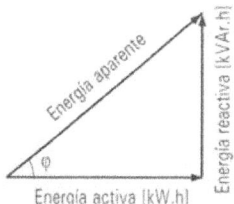

El defasaje tensión – corriente provoca que, para una misma potencia activa se requiera un aumento de la corriente necesaria para producirla. Precisamente el coseno de fhi (cos φ) cuantifica el defasaje y se suele denominar "factor de potencia".

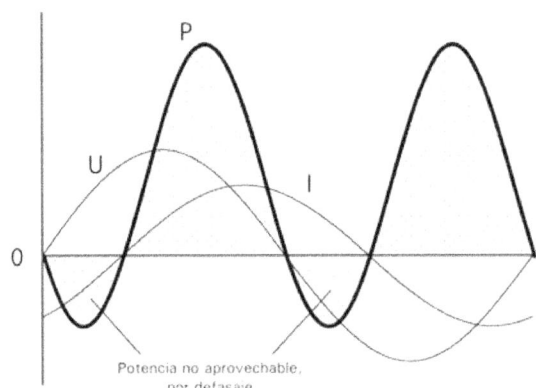

Potencia no aprovechable,
por defasaje

Un cos φ próximo a la unidad, indica que hay poco defasaje. Un cos φ mucho menor que la unidad indica un gran defasaje y, por tanto, un sistema poco eficiente.

P = U.I. $\boxed{\cos\varphi}$

^ factor de potencia

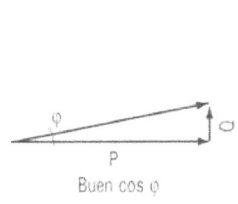

Buen cos φ

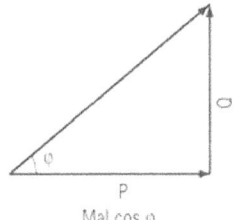

Mal cos φ

La diferencia es importante; por ejemplo, para obtener una potencia de 5 kW, en monofásica a 230 V hace falta, según el factor de potencia:

$$I = \frac{5000}{230 \times 0,6} = 36,2 A$$

$$I = \frac{5000}{230 \times 0,98} = 22,2 A$$

Este aumento de corriente obliga a aumentar la potencia de los transformadores y la sección de los cables y produce en ellos pérdidas por Joule.

Por ello, se corrige el cos φ, con condensadores.

Ejemplo:

Una carga monofásica a 230 V, 50 Hz, de 5000 W y un cos φ de 0,6 se quiere compensar hasta conseguir un cos φ = 0,98. Calcular el condensador necesario.

CASO
PRÁCTICO

1) Calcular la Q de la carga y dibujar el triángulo de potencias.

$\varphi = \text{arc cos}\,\varphi = 53{,}1°$

$$\cos \varphi = \frac{P}{S} \Rightarrow S = \frac{P}{\cos \varphi} = \frac{5000}{0{,}6} = 8333 \text{ VA}$$

$$\text{sen } \varphi = \frac{Q}{S} \Rightarrow Q = S.\,\text{sen } \varphi = 8333 \times 0{,}8 = 6666 \text{ VAr}$$

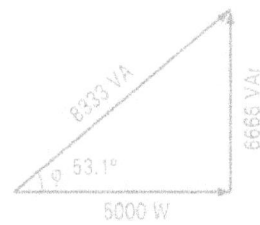

2) Calcular la Q a compensar para conseguir un cos φ de 0,98.

$\varphi = \text{arc cos}\,0{,}98 = 11{,}5°$

$$\cos \varphi = \frac{P}{S} \Rightarrow S = \frac{P}{\cos \varphi} = \frac{5000}{0{,}98} = 5100 \text{ VA}$$

$$\text{sen } \varphi = \frac{Q}{S} \Rightarrow Q = S.\,\text{sen}\varphi = 5100 \times \cos 11{,}5° = 1016 \text{ VAr}$$

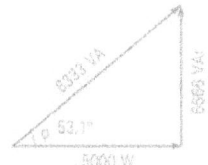  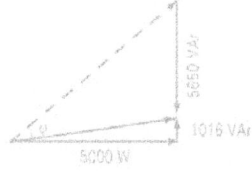

Por tanto, la Q a compensar, para obtener un cos φ de 0,98, con la misma carga, es: 6666 – 1016 = 5650 VAr

3) ¿Qué condensador debe de utilizarse?

$Q = 5650 \text{ VAr}$

$$I = \frac{Q}{U} = \frac{5650}{230} = 24{,}56 \text{ A}$$

$$X_C = \frac{U}{I} = \frac{230}{24{,}56} = 9{,}36 \ \Omega$$

$$C = \frac{1}{2.\pi.f.X_C} = \frac{1}{2 \times 3{,}14 \times 50 \times 9{,}36} = 340 \ \mu F$$

Con un condensador de 340 µF, se obtiene un conjunto con un cos $\varphi = 0,98$.

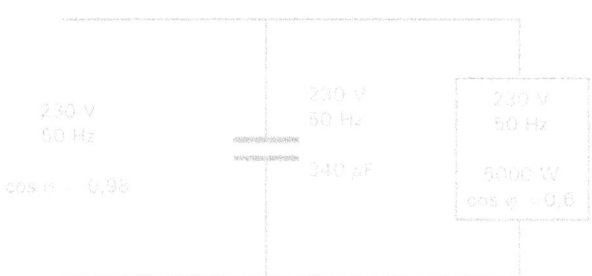

RESUMEN

- Los elementos electroquímicos pueden ser primarios o no reversibles (pilas) o reversibles (acumuladores).

- De una pila o una batería interesan su fem, y su capacidad. La capacidad de un elemento electroquímico se expresa en mA.h o en Ah.

- Los valores principales de la ca son: el valor eficaz (es el que se usa normalmente) y el valor de pico o máximo.

- En el estudio de los circuitos es importante conocer el sentido de la cdt. Los componentes activos (generadores y acumuladores en carga) tienen su propia polaridad. A los componentes pasivos les asignamos polaridad en función del sentido de la corriente, poniendo el "más" por donde entra la corriente en el elemento.

- En ca, al calcular la potencia puede aparecer un defasaje entre la tensión y la intensidad, lo que hace que la potencia resultante sea menor que el producto tensión x intensidad.

- Resistencia pura:

  Se aplica la ley de Ohm igual que en ca:

  $$I = \frac{U}{R}$$

  No se produce desfasaje tensión –intensidad.

- Capacidad pura:

  La oposición especial que presentan al paso de la ca los condensadores se denomina reactancia capacitiva, X_C.

  $$X_C = \frac{1}{2.\pi.f.C}$$

  La aplicación de la Ley de Ohm es:

  $$I = \frac{U}{X_C} = \frac{U}{\frac{1}{2.\pi.f.C}} = U.2.\pi.f.C$$

- Inducción pura:

  La oposición especial que presentan al paso de la ca las bobinas se denomina reactancia inductiva, X_L.

  $$X_L = 2.\pi.f.L$$

La aplicación de la Ley de Ohm es:

$$I = \frac{U}{X_L} = \frac{U}{2.\pi.f.L}$$

- La impedancia es la suma vectorial de las componentes activa y reactiva.

- Potencia: en los circuitos de ca. La asociación de circuitos R, C y L, puede visualizarse fácilmente con el triángulo de potencias:

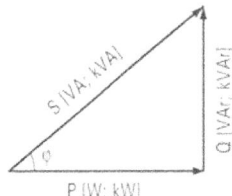 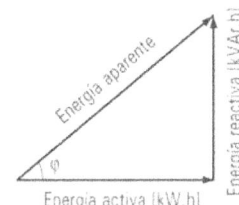

MÓDULO DOS ELECTROTECNIA

U.D. 3 COMPONENTES ELECTRÓNICOS,
TIPOLOGÍA Y CARACTERÍSTICAS FUNCIONALES

M 2 / UD 3

ÍNDICE

NOTA PREVIA: En este tema se analizarán con algo de detalle los componentes electrónicos más sencillos como el diodo rectificador y el diodo zener, ya que se consideran de fácil comprensión para el lector. Para estudiar otros componentes electrónicos más complejos se requieren nociones de electrónica más avanzadas, de forma que serán analizados de una manera superficial.

INTRODUCCIÓN

La electrónica ejerce una enorme influencia en casi todos los aspectos de nuestra vida cotidiana. Es inconcebible la vida moderna sin los medios de comunicación (radio, televisión, telefonía), sin los sistemas de manejo de información (ordenadores), sin la electrónica de consumo en el hogar, sin los avances de la medicina auxiliados por la técnica. Todo esto ha sido posible gracias a los trabajos de investigación y desarrollo tecnológico, los cuales se vieron acelerados a partir de la invención del pilar básico constructivo en la electrónica: El transistor, dispositivo inventado a mediados del siglo XX.

A partir de la década de 1950, los dispositivos semiconductores - *conocidos también como dispositivos de estado sólido* - reemplazaron a las válvulas de vacío de la industria tradicional. Por la enorme reducción de tamaño, consumo de energía y costo, acompañada de una mucha mayor durabilidad y fiabilidad, los dispositivos semiconductores significaron un cambio revolucionario en las telecomunicaciones, la automatización, el almacenamiento de información, etc.

Los transistores, fabricados a partir de materiales semiconductores, son los elementos que se utilizan como componente básico para producir prácticamente todos los sistemas electrónicos actuales. La tecnología de los semiconductores es un factor básico en las economías de los países desarrollados.

OBJETIVOS

Conocer el comportamiento y características de una serie de dispositivos semiconductores tales como el diodo rectificador, diodo zener, tiristores, transistor bipolar y de efecto de campo, dispositivos optoelectrónicos y el amplificador operacional.

1. CONDUCTORES, AISLANTES Y SEMICONDUCTORES

En función de la capacidad que tenga un material para conducir la corriente eléctrica puede ser: aislante, conductor o semiconductor.

1.1. Conductor eléctrico

Se dice que un cuerpo es conductor cuando puesto en contacto con un cuerpo cargado de electricidad transmite ésta a todos los puntos de su superficie.

Generalmente es un elemento metálico capaz de conducir la electricidad cuando es sometido a una diferencia de potencial eléctrico. Para que ello sea efectuado eficientemente se requiere que posea una baja resistencia para evitar pérdidas por efecto Joule y caída de tensión.

1.2. Aislante eléctrico

Material con escasa conductividad eléctrica, utilizado para separar conductores eléctricos para evitar un cortocircuito y para mantener alejadas del usuario determinadas partes de los sistemas eléctricos que, de tocarse accidentalmente cuando se encuentran en tensión, pueden producir una descarga. Los más frecuentemente utilizados son los materiales plásticos y las cerámicas.

El comportamiento de los aislantes se debe a la barrera de potencial que se establece entre las bandas de valencia y conducción, que dificulta la existencia de electrones libres capaces de conducir la electricidad a través del material.

1.3. Semiconductor

Un material semiconductor es capaz de conducir la electricidad mejor que un aislante, pero peor que un metal. La conductividad eléctrica, que es la capacidad de conducir la corriente eléctrica cuando se aplica una diferencia de potencial, es una de las propiedades físicas más importantes. Ciertos metales, como el cobre, la plata y el aluminio son excelentes conductores. Por otro lado, ciertos aislantes como el diamante o el vidrio son muy malos conductores. A temperaturas muy bajas, los semiconductores puros se comportan como aislantes. Sometidos a altas temperaturas, mezclados con impurezas o en presencia de luz, la conductividad de los semiconductores puede aumentar de forma espectacular y llegar a alcanzar niveles cercanos a la de los metales. Las propiedades de los semiconductores se estudian en la física del estado sólido.

1.3.1. Electrones de conducción y huecos

Entre los semiconductores comunes se encuentran elementos químicos y compuestos, como el silicio, el germanio, el selenio, el arseniuro de galio, el seleniuro de cinc y el teluro de plomo. El incremento de la conductividad provocado por los cambios de temperatura, la luz o las impurezas se debe al aumento del número de electrones conductores que transportan la corriente eléctrica. En un semiconductor característico o puro como el silicio, los electrones de valencia (o electrones exteriores) de un átomo están emparejados y son compartidos por otros átomos para formar un enlace covalente que mantiene al cristal unido. Estos electrones de valencia no están libres para transportar corriente eléctrica.

Para producir electrones de conducción, se utiliza la luz o la temperatura, que excita los electrones de valencia y provoca su liberación de los enlaces, de manera que pueden transmitir la corriente. Las deficiencias o huecos que quedan contribuyen al flujo de la electricidad (se dice que estos huecos transportan carga positiva). Éste es el origen físico del incremento de la conductividad eléctrica de los semiconductores a causa de la temperatura.

1.3.2. El dopaje

Otro método para obtener electrones para el transporte de electricidad en un semiconductor consiste en añadir impurezas al mismo o doparlo. La diferencia del número de electrones de valencia entre el material dopante (tanto si acepta como si confiere electrones) y el material receptor hace que crezca el número de electrones de conducción negativos (tipo n) o positivos (tipo p). Este concepto se ilustra en el diagrama adjunto, que muestra un cristal de silicio dopado.

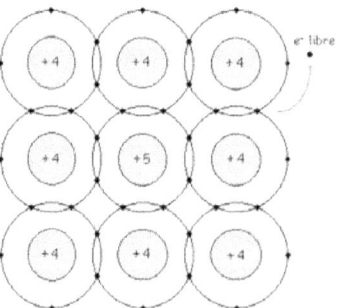

Dopado con material tipo N

Cada átomo de silicio tiene cuatro electrones de valencia (representados mediante puntos). Se requieren dos para formar el enlace covalente. En el silicio tipo n, un átomo como el del fósforo (P), con cinco electrones de valencia, reemplaza al silicio y proporciona electrones adicionales.

110

En el silicio tipo p, los átomos de tres electrones de valencia como el aluminio (Al) provocan una deficiencia de electrones o huecos que se comportan como electrones positivos. Los electrones o los huecos pueden conducir la electricidad.

Cuando ciertas capas de semiconductores tipo p y tipo n son adyacentes, forman un diodo de semiconductor, y la región de contacto se llama unión pn. Un diodo es un dispositivo de dos terminales que tiene una gran resistencia al paso de la corriente eléctrica en una dirección y una baja resistencia en la otra. Las propiedades de conductividad de la unión pn dependen de la polaridad del voltaje, que puede a su vez utilizarse para controlar la naturaleza eléctrica del dispositivo. Algunas series de estas uniones se usan para hacer transistores y otros dispositivos semiconductores. Los dispositivos semiconductores tienen muchas aplicaciones. Los últimos avances de la ingeniería han producido pequeños chips semiconductores que contienen cientos de miles de transistores. Estos chips han hecho posible un enorme grado de miniaturización en los dispositivos electrónicos. La aplicación más eficiente de este tipo de chips es la fabricación de circuitos de semiconductores de metal _ óxido complementario o CMOS, que están formados por parejas de transistores de canal p y n controladas por un solo circuito. Además, se están fabricando dispositivos extremadamente pequeños utilizando la técnica epitaxial de haz molecular.

1.3.3. Semiconductores con impurezas

Las propiedades eléctricas de los materiales semiconductores pueden mejorarse si se introducen en el momento de la formación del cristal algunos átomos de otra sustancia. Se forma entonces un semiconductor con impurezas. Así, cuando a un cristal de silicio se le añaden impurezas de arsénico aumenta su conductividad. Ello se explica como debido a que, mientras que cada átomo de silicio contribuye con sus cuatro electrones externos a la banda de valencia, los de arsénico contribuyen con cinco. Dado que en los semiconductores la banda de valencia está llena, ese electrón adicional ocupará niveles discretos de energía por encima de ella y muy próximos a la banda de conducción, lo que hace más fácil su promoción a dicha banda y mejora la capacidad de conducción eléctrica del cristal.

Es posible, asimismo, inyectar en el cristal en formación átomos de impureza con menos electrones externos que el elemento semiconductor. Tal es el caso, por ejemplo, del galio, con tres electrones externos. Por la presencia de este tipo de impurezas aparecen nuevos niveles de energía vacantes en las proximidades de la banda de valencia que pueden ser ocupados por electrones excitados. Ello da lugar a la generación de huecos en dicha banda que contribuyen a la corriente eléctrica como si se tratara de cargas positivas.

1.3.4. Semiconductores con impurezas tipo N y tipo P

El semiconductor que resulta por la presencia de átomos como el arsénico, donadores de electrones extra, se considera del tipo n o negativo. Si los átomos de impureza, como en el caso del galio, son aceptores de electrones respecto del cristal, el semiconductor resultante es del tipo p o positivo. En los semiconductores del tipo n la conducción es por electrones y en los del tipo p es, sin embargo, por huecos. La unión p_n de dos semiconductores de tales características constituye un dispositivo electrónico fundamental de utilización amplia en la industria y que ha permitido reducir considerablemente el tamaño y el coste de aparatos basados en la electrónica.

2. EL DIODO

Desde el punto de vista de su forma de operación, el dispositivo semiconductor más simple y fundamental es el diodo; todos los demás dispositivos pueden entenderse en base a su funcionamiento.

El diodo de unión P-N es el dispositivo semiconductor más elemental. Consiste en el dopado de una barra de cristal semiconductor en una parte con impurezas donadoras (tipo N) y en la otra con impurezas aceptadoras (tipo P), de esta forma, en la parte P existe mucha mayor concentración de huecos que de electrones libres y en la parte N ocurre lo contrario.

2.1. Conductividad del diodo PN

La conductividad del diodo es diferente según sea el sentido en que se aplique un campo eléctrico externo. Existen dos posibilidades de aplicación de este campo: polarización inversa y polarización directa.

2.2. Polarización inversa

Consiste en aplicar a la parte N del diodo una tensión más positiva que a la parte P. De esta forma, el campo eléctrico estará dirigido de la parte N a la parte P y los huecos tenderán a circular en ese sentido, mientras que los electrones tenderán a circular en sentido contrario. Esto significa que circularían huecos de la parte N (donde son muy minoritarios) a la parte P (donde son mayoritarios), por lo que esta corriente se ve contrarrestada por una corriente de difusión que tiende a llevar a los huecos de donde son mayoritarios (parte P) hacia donde son minoritarios (Parte N). Por consiguiente, la corriente global de huecos es prácticamente nula. Algo totalmente análogo ocurre con la corriente de electrones: la corriente de arrastre va en sentido contrario a la de difusión, contrarrestándose ambas y produciendo una corriente total prácticamente nula. La corriente total es la suma de la de huecos más la de electrones y se denominan corriente inversa de saturación (Is). En la práctica, el valor de esta corriente es muy pequeño (del orden de nA en el Silicio) y depende de la temperatura de forma que aumenta al aumentar ésta.

En el gráfico mostrado a continuación, se muestra lo que se denomina la región de vaciamiento, en la que no hay electrones libres en la región N del diodo ni huecos libres en la región P de diodo.

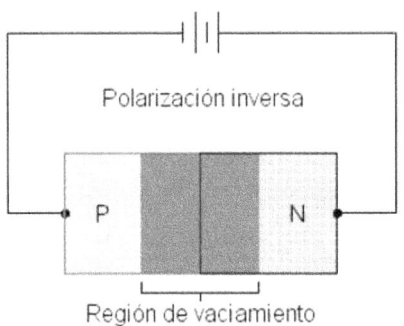

Polarización Inversa

2.3. Polarización directa

Consiste en aplicar a la parte P del diodo una tensión más positiva que a la parte N. De esta forma, el campo eléctrico estará dirigido de la parte P a la parte N. Esto significa que circularían huecos de la parte P (donde son mayoritarios) a la parte N (donde son minoritarios) por lo que esta corriente tiene el mismo sentido que la corriente de difusión. De esta forma, la corriente total de huecos es muy alta. Un proceso análogo ocurre para la corriente de electrones. La corriente total es la suma de la de huecos y la de electrones y toma un valor elevado a partir de un determinado valor de tensión que depende del tipo de semiconductor (en el Silicio el umbral se encuentra aproximadamente en 0,7 V y en el caso del Germanio es de 0,2 V).

A continuación, se presentan dos gráficos de un diodo polarizado en directo. En el primer gráfico se aplica una polarización directa leve, que trae como consecuencia una disminución de la región de vaciamiento. En este caso el diodo no ha superado el umbral de conducción del diodo.

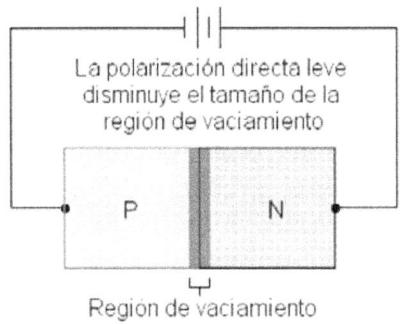

Polarización directa leve

En el segundo gráfico, la tensión aplicada en directo sí supera el umbral de conducción, de manera que la corriente presente en el diodo puede ser elevada.

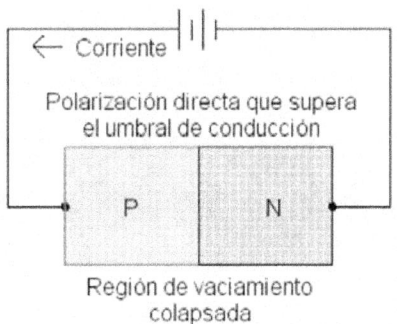

Polarización directa fuerte

Puede considerarse que el diodo es el dispositivo binario más elemental, ya que permite el paso de corriente en un sentido y lo rechaza en sentido contrario.

2.4. Símbolo y aspecto externo del diodo

El diodo tiene un símbolo estándar mediante el cual se representa el mismo en un circuito eléctrico:

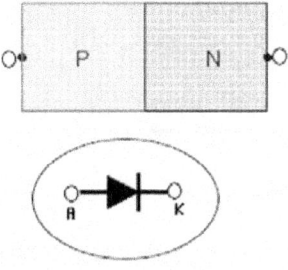

Símbolo del diodo

La región P del diodo se denomina Ánodo (destacado con la letra A) y la región P se denomina Cátodo (normalmente se designa con la letra K). Los diodos se empaquetan para su utilización de diversas maneras. En la imagen que se presenta a continuación se pueden observar algunas presentaciones de diodos:

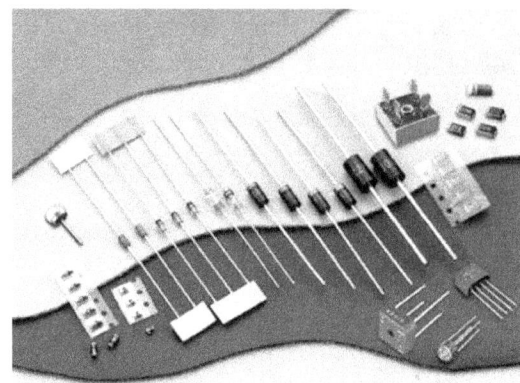

Diversas presentaciones de diodos

A nivel comercial, existe una enorme variedad de diodos, de manera que resulte relativamente sencillo seleccionar uno para una aplicación específica.

A la hora de colocar un diodo en un circuito se debe respetar la polaridad adecuada. Para ello, la mayor parte de los diodos identifican el cátodo mediante una banda pintada sobre en el empaque del diodo.

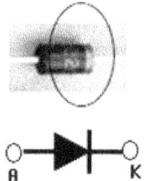

Cátodo resaltado mediante la banda pintada

En la imagen se puede observar que existe un texto impreso sobre el empaque del diodo. Este texto es una referencia compuesta por números y letras que identifica al diodo claramente, de manera que se puedan buscar en los manuales que editan los fabricantes de semiconductores las características del mismo. A continuación, se presentan parte de las especificaciones del diodo BYX10G fabricado por Philips:

Philips Semiconductors   Product specification

Rectifier   BYX10G

FEATURES

- Glass passivated
- High maximum operating temperature
- Low leakage current
- Excellent stability
- Available in ammo-pack

DESCRIPTION

Rugged glass package, using a high temperature alloyed construction.

This package is hermetically sealed and fatigue free as coefficients of expansion of all used parts are matched.

Fig.1 Simplified outline (SOD57) and symbol.

LIMITING VALUES

In accordance with the Absolute Maximum Rating System (IEC 134)

SYMBOL	PARAMETER	CONDITIONS	MIN.	MAX.	UNIT
V_{RSM}	non-repetitive peak reverse voltage		-	1600	V
V_{RRM}	repetitive peak reverse voltage		-	1600	V
V_{RWM}	crest working reverse voltage		-	800	V
$I_{F(AV)}$	average forward current	$T_{tp} = 50\,°C$; lead length = 10 mm; averaged over any 20 ms period, see Figs 2 and 4	-	1.2	A
		$T_{amb} = 60\,°C$; PCB mounting (see Fig 9); averaged over any 20 ms period, see Figs 3 and 4	-	0.6	A
I_{FSM}	non-repetitive peak forward current	t = 10 ms half sinewave; $T_j = T_{jmax}$ prior to surge; $V_R = V_{RWMmax}$	-	25	A
T_{stg}	storage temperature		-65	+175	°C
T_j	junction temperature	see Fig.5	-65	+175	°C

Características del diodo BYX10G

116

3. ANÁLISIS DE CIRCUITOS CON DIODOS

A fin de analizar un circuito con diodos, lo primero que se requiere es definir un modelo equivalente del dispositivo. Con este propósito se utilizará un modelo simplificado del diodo, en el que se considerará que en el estado de conducción (polarización directa) se observará un paso de corriente en el dispositivo, y tendremos sobre el mismo una tensión de 0,7V (utilizaremos un diodo de Silicio). Cuando se aplica una polarización inversa, el dispositivo no conduce, con lo que su modelo equivalente será el de un circuito abierto.

La característica Voltaje-Corriente de este modelo simplificado es la que se muestra de manera gráfica en la figura presentada a continuación:

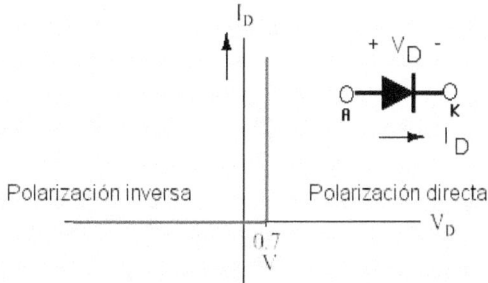

Característica simplificada V-I de un diodo

Ejemplos de cálculo:

En el circuito mostrado a continuación está presente una fuente de alimentación de 6V que permite la polarización en directo del diodo. Para calcular la corriente en el mismo basta sustituir el diodo por su modelo simplificado en estado de conducción:

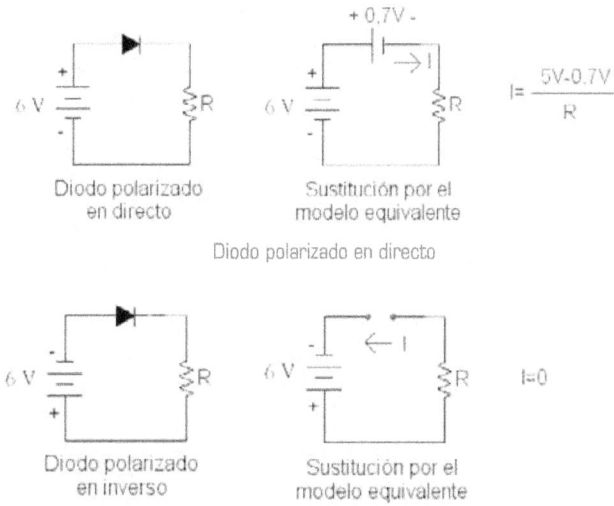

$$I = \frac{5V - 0.7V}{R}$$

Diodo polarizado en directo   Sustitución por el modelo equivalente

Diodo polarizado en directo

$I = 0$

Diodo polarizado en inverso   Sustitución por el modelo equivalente

Diodo polarizado en inverso

Es conveniente recordar que la característica Voltaje-Corriente de un diodo real es diferente a la simplificación que estamos empleando:

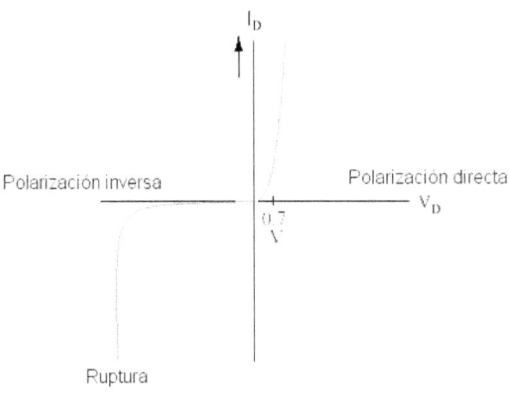

Característica real de un diodo

Las diferencias más importantes entre ambas características son las siguientes:

1. Cuando un diodo está polarizado en directo, la corriente en el mismo responde a una función exponencial del voltaje aplicado al diodo. En caso de diodos rectificadores de potencia que manejen corrientes elevadas, se pueden observar valores de voltaje bastante por encima de los 0,7V que estamos empleando.

2. Cuando el diodo está polarizado en inverso, aunque se pueda despreciar, existe una circulación de corriente a través del dispositivo. Dicha corriente se denomina corriente de fuga.

3. Existe un cierto voltaje máximo inverso que el diodo puede soportar sin conducir de una manera notable. Si se supera este voltaje se presenta en el diodo un fenómeno llamado avalancha, en el cual la corriente comienza a crecer notablemente. Normalmente esta avalancha conduce a la destrucción del dispositivo semiconductor.

En definitiva, cuando se selecciona un diodo para una aplicación concreta, debemos asegurarnos de que el diodo soporte la máxima corriente que se presentará en el circuito. De igual manera, debemos conocer la máxima tensión inversa que se tendrá en el circuito, a fin de seleccionar un diodo que soporte dicha tensión sin entrar en avalancha.

4. APLICACIONES DEL DIODO

El diodo tiene un amplio rango de aplicaciones: circuitos rectificadores, limitadores, fijadores de nivel, protección contra cortocircuitos, demoduladores, mezcladores, osciladores, etc

4.1. Aplicaciones como rectificador

La rectificación consiste básicamente en la conversión de corriente alterna a corriente continua. Todo equipo electrónico que se alimente de la red eléctrica doméstica requiere que en el mismo existan rectificadores para que dicho equipo disponga de las tensiones de corriente continua requeridas para su correcto funcionamiento.

A la hora de hacer rectificación se presentan dos alternativas: rectificación de media onda y rectificación de onda completa. En primer lugar, nos centraremos en la rectificación de media onda.

4.2. Rectificación de media onda

En la figura presentada a continuación se muestra el montaje básico de un rectificador de media onda.

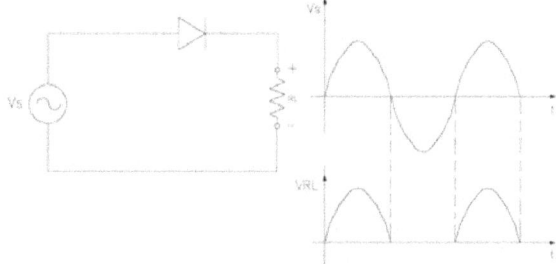

Rectificador de media onda

Hay que notar que el diodo solo permitirá la conducción durante el semiciclo positivo de la señal alterna Vs. Durante este semiciclo se tendrá sobre la carga RL una tensión pico que será 0,7V inferior al pico de la tensión Vs. Durante el semiciclo negativo el diodo el diodo bloque el paso de la corriente y la tensión en la carga será igual a 0V. Como se observa en el gráfico, la tensión en la carga RL tiene un valor promedio positivo.

En caso de que sea de nuestro interés que la señal sobre la carga tenga una amplitud inferior, se puede colocar un transformador para reducir el nivel de tensión, tal como se muestra en la siguiente figura:

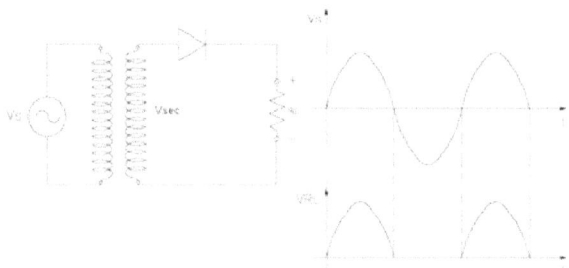

Reducción de la tensión mediante un transformador

4.3. Rectificación de onda completa y filtraje

En el circuito presentado a continuación se muestra un rectificador de onda completa:

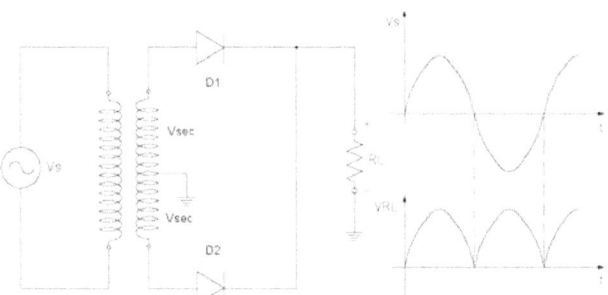

Rectificador de onda completa

En este circuito, el diodo D1 conduce durante el semiciclo positivo de Vs, mientras que el diodo D2 no conduce. Durante el semiciclo negativo se invierten los papeles, conduciendo el diodo D2 mientras que D1 no conduce. Note que la tensión pico sobre la carga RL será igual a Vsec-0,7V.

Obviamente, al tener rectificación de onda completa, la componente de corriente continua presente sobre la carga RL es superior a la que se observa en el caso de la rectificación de media onda. No obstante, la señal presente sobre la carga RL dista mucho de parecerse a una tensión constante y regulada, la requerida usualmente para alimentar a equipos electrónicos.

A continuación se muestra un rectificador de onda completa que incluye un filtro capacitivo a la salida, con el propósito de de obtener una mayor estabilidad en el voltaje sobre RL.

El condensador se encargará de almacenar carga (mientras algún diodo conduce), cargándose hasta un voltaje máximo que será igual a Vsec-0,7V. Cuando ninguno de los diodos conduce, el condensador se descargará a través de la resistencia de carga RL. Si se selecciona un valor adecuado para el condensador, la descarga puede ser relativamente baja, presentándose sobre RL la tensión que se muestra en la figura a continuación:

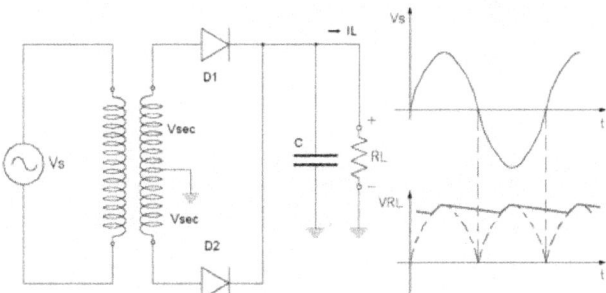

Rectificador de onda completa con filtro capacitivo

Observando con mayor detalle el último gráfico, resulta interesante destacar varios elementos del mismo:

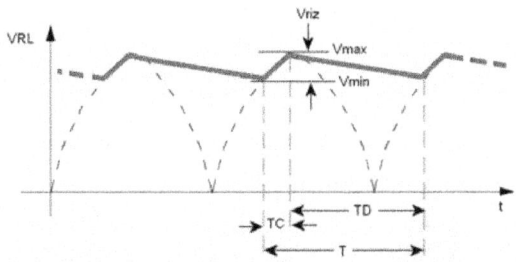

Detalle del voltaje de salida del rectificador con filtro

De este gráfico se pueden destacar los siguientes parámetros:

T: Período de la señal en la carga. Si consideramos que la alimentación AC en el primario es de 50Hz, el período **T** será de 10ms, la mitad del período de la señal de línea AC. **NOTA**: En caso de hacer rectificación de media onda, el período T coincide con el de la línea AC, es decir 20ms.

TD: Tiempo de descarga del condensador (coincide con el intervalo de tiempo durante el que ninguno de los diodos conduce).

TC: Tiempo de carga del condensador (coincide con el intervalo de tiempo durante el que alguno de los diodos conduce).

Vriz: Voltaje de rizado, la diferencia entre el máximo y el mínimo voltaje sobre el condensador (**Vmax-Vmin**). Obviamente, mientras menor sea el voltaje de rizado, el voltaje de salida (VRL) será más adecuado como tensión de alimentación para un circuito electrónico.

Una ecuación aproximada bastante útil que relaciona entre si los parámetros que se acaban de describir es la siguiente:

$$Vriz = \frac{Vmax \times T}{RL \times C}$$

121

dado que $\dfrac{\text{Vmax}}{\text{RL}}$ es lo mismo que ILmax, la ecuación también se puede presentar de la siguiente manera:

$$Vriz = \frac{ILmax \times T}{C}$$

Ejemplo de cálculo:

Se desea alimentar a un equipo electrónico mediante un rectificador de media onda con filtraje capacitivo tal como se muestra en la figura:

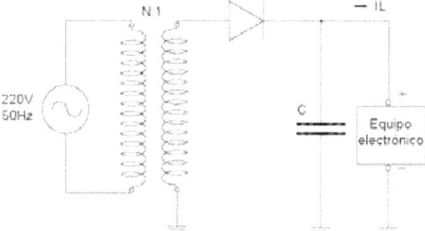

El equipo tendrá un consumo de corriente variable que dependerá de las condiciones de operación del mismo.

Si se conoce que dicho consumo está comprendido en 100mA y 1,5A, y que el voltaje de alimentación debe estar comprendido entre 12V y 15V, calcular la relación de vueltas del transformador (N) y el condensador C necesario para que se cumplan los requisitos especificados.

Solución:

Para obtener 15V como máximo sobre el condensador, serán necesarios 15,7V (considerando los 0,7V de tensión en el diodo) como voltaje pico en el secundario del transformador. Considerando que el voltaje pico en el primario es:

$$Vpico = 220V \times \sqrt{2} = 310,2V$$

para obtener 15,7V en el secundario, la relación de vueltas N del transformador será:

$$N = \frac{310,2V}{15,7V} = 19,76$$

En nuestro caso, conocemos que **Vmax**=15V y **Vmin**=12V, Por lo tanto el voltaje de rizado **Vriz** es de 3V. También se conoce del enunciado que la corriente máxima en la carga (**ILmax**) es de 1,5A. Dado que estamos utilizando rectificación de media onda, el período de la señal de rizado es de 20ms. Para hallar el valor necesario de C, empleamos la ecuación:

$$C = \frac{ILmax \times T}{Vriz} = \frac{1,5A \times 20ms}{3V} = 10.000\mu F$$

Observaciones:

Con estos valores, se garantiza en la práctica un rizado real inferior a los 3V, ya que las ecuaciones aproximadas empleadas determinan un valor del condensador C ligeramente superior al necesario.

Hay que considerar que en caso de que la línea de 220V AC presente irregularidades de suministro, estas irregularidades también estarán presentes en el secundario del transformador y de igual forma se presentarán en la tensión de alimentación de nuestro equipo electrónico. Esto es debido a que nuestro circuito no dispone de capacidad de regulación. Un poco más adelante, se estudiarán las posibilidades de regulación del diodo Zener, que ofrece unas prestaciones interesantes como elemento regulador de voltaje.

4.4. Rectificador de onda completa tipo puente

En la figura mostrada a continuación, se presenta otro montaje para realizar rectificación de onda completa:

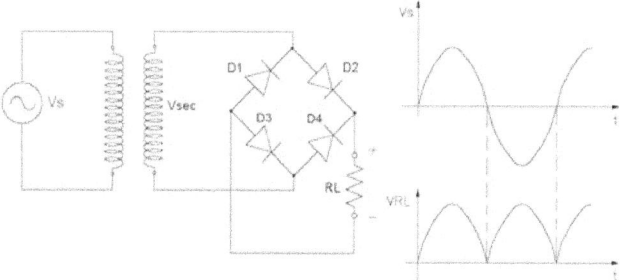

Rectificador de onda completa tipo puente

Durante el semiciclo positivo de la señal Vs, los diodos D2 y D3 están polarizados en directo, mientras que D1 y D4 están en circuito abierto. Note que la tensión pico sobre RL será igual a la tensión pico de Vsec menos la caída de tensión en los dos diodos que conducen (1,4V). Durante el semiciclo negativo de Vs los diodos D1 y D4 están polarizados en directo, mientras que D2 y D3 están en circuito abierto. La tensión pico sobre RL también presenta la caída de 1,4V antes mencionada. En cualquiera de los casos, la tensión sobre RL siempre es positiva.

Normalmente para hacer este montaje no se emplean 4 diodos separados, sino que se utiliza un rectificador tipo puente, que en el mismo empaque incluye los 4 diodos:

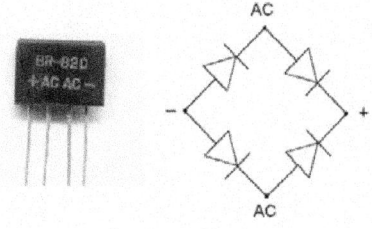

Puente rectificador

Como todo dispositivo semiconductor, un puente rectificador viene identificado mediante una referencia (en este caso BR-82D), con el fin de poder comprobar sus especificaciones en el manual del fabricante.

En caso de utilizar un filtraje capacitivo en este montaje, son totalmente válidas las consideraciones realizadas en apartados anteriores, siempre recordando que el voltaje pico en el condensador es 1,4V inferior al pico en el secundario.

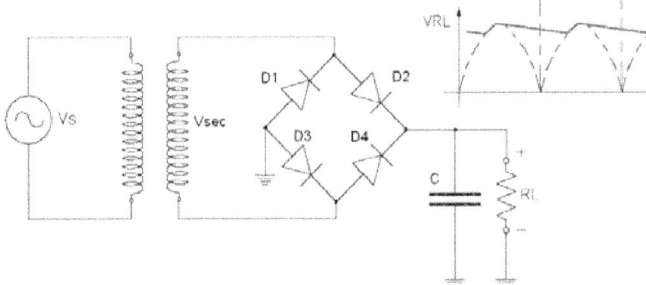

Rectificador tipo puente con filtro capacitivo

5. EL DIODO ZENER

Un diodo Zener, es un diodo de silicio que se ha construido específicamente para que funcione en la zona de ruptura. Llamados a veces diodos de avalancha o de ruptura, el diodo zener es la parte esencial de los reguladores de tensión, ya que mantienen la tensión entre sus terminales prácticamente constante cuando están polarizados inversamente, en un amplio rango de intensidades y temperaturas, por ello, este tipo de diodos se emplean en circuitos estabilizadores o reguladores de la tensión tal y como se mostrará un poco mas adelante.

Su apariencia externa es semejante a la de un diodo rectificador y en la referencia mostrada en el encapsulado generalmente se indica su voltaje de ruptura o Voltaje Zener. En la figura presentada a continuación se muestra un diodo zener junto con su símbolo:

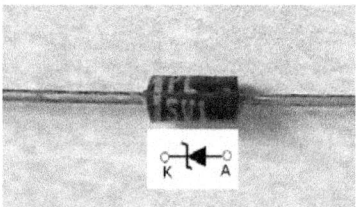

Diodo Zener

En la figura se observa la referencia impresa sobre el diodo 5V1, lo que indica que este es un diodo Zener de 5,1V. También se puede ver la banda impresa sobre el diodo, indicando cuál es el cátodo del mismo.

Para emplear este dispositivo en un circuito, se utilizará la característica Voltaje-Corriente mostrada a continuación. Aunque existen diferencias con respecto a la característica de un Zener real, con este modelo se obtienen resultados aceptablemente satisfactorios. Dado que el diodo Zener siempre se utiliza en la región de polarización inversa, consideraremos como positivas las corrientes y las tensiones en esa zona. De igual manera, la conducción en directo del Zener representará un voltaje de –0,7V.

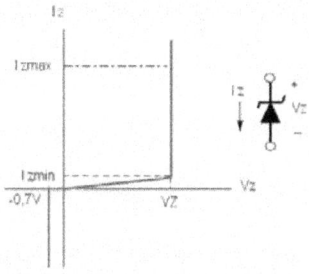

Característica aproximada Voltaje-Corriente del diodo Zener

5.1. Aplicaciones del diodo Zener

La principales aplicaciones de este tipo de diodo se centran en sus funciones como regulador de tensión, ya que mientras exista corriente pasando por el, su voltaje permanece constante en su valor nominal Vz (NOTA: *El valor de Vz permanece constante al utilizar el modelo simplificado que estamos empleando. En la práctica Vz cambia ligeramente al cambiar la corriente*).

Para implementar un regulador mediante un diodo Zener se deben observar dos reglas básicas. La primera es que por el Zener debe circular una corriente superior a la mínima (Izmin), valor a partir del cual el dispositivo comienza a mostrar sus propiedades de regulación. Esta corriente la determina el fabricante del diodo. La segunda regla es la de no superar la corriente máxima que soporta el dispositivo (Izmax), valor que también determina el fabricante.

Resumiendo, para que el Zener opere como regulador, su corriente debe cumplir con estos requisitos:

$$Izmax \geq Iz \geq Iz\ min$$

Con el propósito de implementar un regulador de tensión, utilizaremos el esquema mostrado:

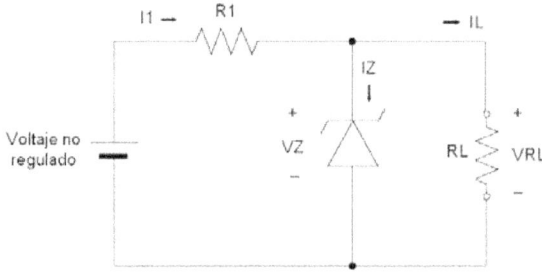

Regulador Zener básico

La idea de este circuito es la de lograr que aunque VNR no sea constante, la corriente del Zener se mantenga entre Izmax e Izmin, garantizando así la correcta polarización del Zener. Si éste permanece polarizado, el voltaje que alimenta a la carga RL será constante. La resistencia R1 debe tener un valor adecuado que garantice el suministro de corriente al diodo y a la carga.

Ejemplo:

A partir de una tensión no regulada, que varía entre 15V y 18V, se desea alimentar a una carga de 100W con una tensión constante de 12V. Calcular las características necesarias en el Zener y el valor de la resistencia R1. Se conoce que los diodos Zener que utilizaremos tienen un valor Izmin = 5mA e Izmax=200mA.

Solución:

Obviamente se necesita un diodo Zener de 12V (tensión requerida en el circuito a ser alimentado).

La corriente en RL será:
$$IL = \frac{12V}{100\Omega} = 120mA$$

El problema mas complejo es el de encontrar la resistencia R1, ya que las corrientes en el circuito no son constantes debido a la variación de la tensión de entrada. En realidad, R1 no tiene un único valor, sino un rango de valores permisibles.

En estos casos se deben estudiar las condiciones extremas de funcionamiento del circuito, es decir, analizar bajo que situación tenemos la mínima corriente en el Zener y repetir el cálculo para la máxima corriente del Zener.

La mínima corriente en el Zener ocurrirá cuando R1 tenga su valor máximo (R1max) y además la fuente no regulada esté en su valor mínimo. Obviamente, a medida que crece R1 o disminuye la tensión de entrada, decrece la corriente suministrada por la fuente no regulada, y por lo tanto también decrece Iz.

Resumiendo, Izmin ocurre con R1max y con 15V en la entrada:

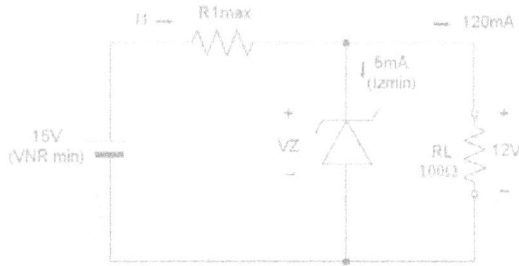

Resolviendo la malla, tenemos:

$$I1 = 120mA + 5mA = 125mA$$

$$R1max = \frac{15V - 12V}{125mA} = 24\Omega$$

En el otro caso extremo, la máxima corriente en el Zener ocurrirá cuando R1 tenga su valor mínimo (R1min) y además la fuente no regulada esté en su valor máximo.

Resumiendo, Izmaz ocurre con R1min y con 18V en la entrada:

$$I1 = 200mA + 120mA = 320mA$$

$$R1min = \frac{18V - 12V}{320mA} = 18,75\Omega$$

En definitiva, el circuito operará correctamente para cualquier valor de R1 comprendido en este rango:

$$18,75\ \Omega \geq R1 \geq 24\ \Omega$$

Resulta conveniente recordar que para estos cálculos hemos utilizado un modelo muy simplificado para el diodo Zener. Un modelo Voltaje-Corriente que se aproxima más a la realidad es el que se muestra a continuación:

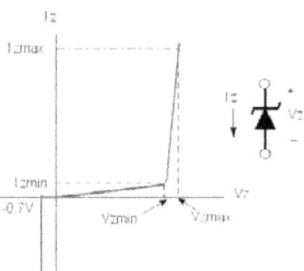

Característica V-I más realista de un Zener

Lo más notable de un diodo Zener real es que su voltaje no es realmente constante. El voltaje se incremente levemente a medida que aumenta la corriente que lo atraviesa. No obstante, su regulación de voltaje resulta satisfactoria.

Por supuesto, un regulador Zener puede ser empleado en un montaje como el siguiente:

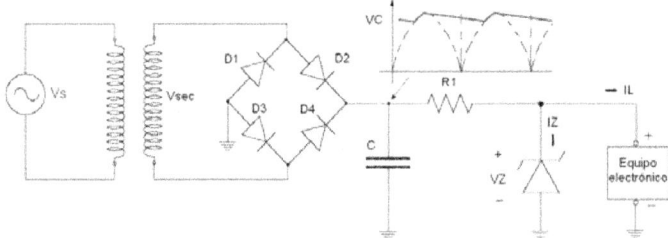

Fuente de alimentación completa con rectificador, filtro y regulador Zener

128

Pese al rizado presente en el condensador C, el regulador Zener se encargará de suministrar una tensión prácticamente constante al equipo electrónico.

6. OTROS TIPOS DE DIODOS

Basándose en la juntura PN como elemento de partida y mediante la utilización de diferentes técnicas de fabricación de semiconductores, se diseñan otros tipos de diodos, cuya función es diferente a la rectificación clásica que hemos estudiado hasta ahora.

6.1. Diodo Schottky

A frecuencias bajas un diodo normal puede conmutar (pasar del estado de conducción al de no conducción) fácilmente cuando la polarización cambia de directa a inversa, pero a medida que aumenta la frecuencia el tiempo de conmutación puede llegar a ser muy alto, no resultando útil para la rectificación. Aparte de no poder rectificar adecuadamente, el aumento de la frecuencia puede traer como consecuencia la destrucción del diodo.

El diodo Schottky es la solución para la rectificación en alta frecuencia, ya que puede conmutar más rápido que un diodo normal. El diodo Schottky con polarización directa tiene 0,25 V como voltaje de conducción frente a los 0,7 V de un diodo normal. Puede rectificar con facilidad a frecuencias superiores a 300 MHz

El diodo Schottky está constituido por una unión metal-semiconductor (barrera Schottky), en lugar de la unión convencional semiconductor-semiconductor utilizada por los diodos normales.

Símbolo del diodo Schottky

6.2. Diodo túnel

El Diodo túnel es un diodo semiconductor que tiene una unión pn, en la cual se produce lo que se denomina como efecto túnel, que da origen a una resistencia dinámica negativa en un cierto intervalo de la característica voltaje-corriente del dispositivo.

Como resistencia dinámica negativa se entiende dentro de ese intervalo de voltajes de polarización directa. La corriente disminuye al aumentar el voltaje, tal como se aprecia en la zona indicada por la flecha sobre la característica mostrada:

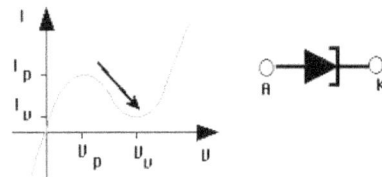

Característica y Voltaje-Corriente símbolo del diodo túnel

El diodo túnel puede funcionar como amplificador o como oscilador. Esencialmente, este diodo es un dispositivo de baja potencia para aplicaciones que involucran microondas y que están relativamente libres de los efectos de la radiación.

6.3. Diodo Varicap

El Diodo de capacidad variable o Varicap es un tipo de diodo que basa su funcionamiento en el fenómeno que hace que la anchura de la barrera de potencial en una unión PN varíe en función de la tensión inversa aplicada entre sus extremos. Al aumentar dicha tensión, aumenta la anchura de esa barrera, disminuyendo así la capacidad del diodo. De este modo se obtiene un condensador variable controlado por tensión. Los valores de capacidad obtenidos van desde 1 a 500 pF.

Símbolo del Varicap

La aplicación de estos diodos se encuentra, sobre todo, en la sintonía de TV, modulación de frecuencia en transmisiones de FM y radio

NOTA: *Existen otros diodos, tales como el LED Y el Fotodiodo que tienen un amplio rango de aplicaciones. En la sección de este libro dedicada a la optoelectrónica se comentarán las características de estos dispositivos.*

7. TIRISTORES Y CIRCUITOS DE CONTROL DE POTENCIA

Existe un gran número de dispositivos electrónicos (llamados tiristores) cuya estructura a nivel semiconductor es bastante semejante y se basan en lo que se denomina "diodo de cuatro capas", tal como se muestra a continuación:

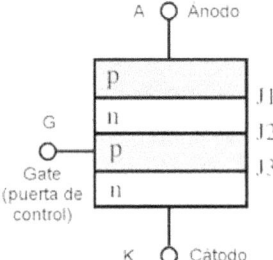

Diodo de cuatro capas

Como se observa en la figura, existen tres junturas, indicadas por J1, J2 y J3, por lo que en una primera aproximación, se podría pensar en el siguiente equivalente:

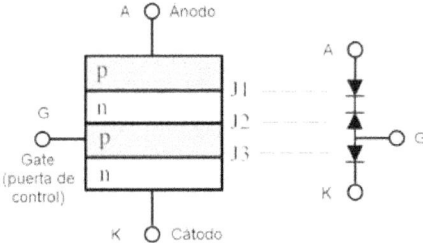

Equivalente rudimentario del tiristor

Este modelo equivalente es sumamente rudimentario e inexacto, pero nos permite observar que entre ánodo y cátodo no es posible la circulación de corriente en ninguno de los sentidos, ya que siempre habrá una juntura polarizada en inverso. De todas maneras, recordemos que todo diodo posee un voltaje de ruptura inverso, de manera que si se supera esa ruptura (aplicando la tensión adecuada), se establecería la conducción.

Entre la puerta de control y el cátodo si existe una juntura que se puede polarizar en directo. La polarización en directo de dicha juntura (con un nivel de corriente adecuado) produce lo que se llama el cebado del tiristor. Dicho cebado trae como consecuencia un fenómeno de avalancha que permite la conducción de corriente entre ánodo y cátodo.

La familia de dispositivos tiristores es muy amplia. En función de las técnicas de fabricación del dispositivo semiconductor, los tiristores pueden ser unidireccionales (la corriente A-K puede circular en un solo sentido) o bidireccionales (la corriente A-K puede circular en un los dos sentidos).

Entre los dispositivos unidireccionales se pueden mencionar los siguientes: SCR (rectificador controlado de silicio), GTO (tiristor de apagado por puerta), SCS (tiristor de doble puerta), SUS (conmutador unilateral) y el LASCR (tiristor activado por luz).

Entre los dispositivos bidireccionales se pueden mencionar los siguientes: TRIAC (triodo de corriente alterna), DIAC (diodo de corriente alterna) y el SBS (conmutador bilateral).

De los dispositivos antes mencionados estudiaremos dos: El SCR y el TRIAC.

7.1. El SCR

El SCR o rectificador controlado de Silicio (Silicon Controlled Rectifier) es un dispositivo de tres terminales que no se puede distinguir a simple vista de cualquier otro dispositivo con el mismo número de terminales. Sólo la referencia marcada sobre el SCR nos permitirá identificarlo plenamente. Existe en el mercado una enorme variedad de ellos, en función de sus especificaciones de voltaje y corriente. A nivel de corriente, pueden soportar desde unos cuantos mA hasta mas de 1000A y a nivel de tensión soportada por el dispositivo también se pueden superar los 1000V.

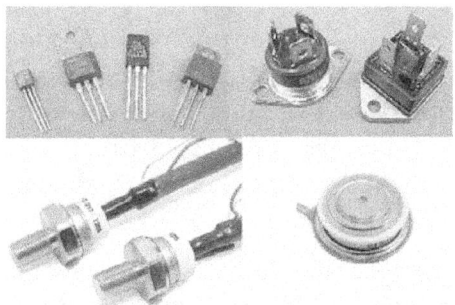

Distintos empaques de SCR's

Un SCR posee tres conexiones: ánodo (A), cátodo (K) y puerta (G). La puerta es la encargada de controlar el paso de corriente entre el ánodo y el cátodo. Funciona básicamente como un diodo rectificador controlado, permitiendo la circulación de corriente en un solo sentido, tal como se muestra en la figura:

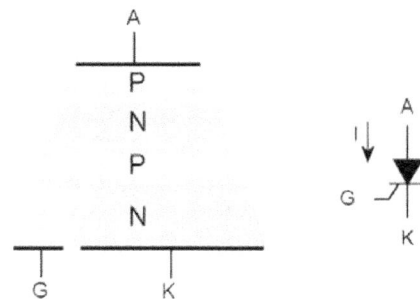

Estructura y símbolo del SCR

Mientras no se aplique ninguna tensión entre la puerta del tiristor y su cátodo (VGK) no se inicia la conducción. En el instante en que se aplique dicha tensión y la juntura GK comience a conducir, se produce el cebado del dispositivo y el tiristor comienza a conducir.

Un modelo aproximado que permite analizar un circuito con SCR's es el siguiente:

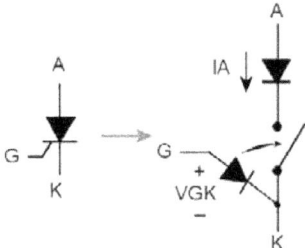

Modelo equivalente aproximado del SCR

En este modelo se muestra un interruptor controlado por el voltaje VGK. En momento en que ceba al SCR, dicho interruptor se cierra y resulta posible la conducción de la corriente IA, si el voltaje entre ánodo y cátodo es positivo. Cuando conduce el SCR, su voltaje de conducción es semejante al que tenemos en un diodo y resulta despreciable con respecto al voltaje de alimentación.

Debido al fenómeno de avalancha producido en el dispositivo, una vez cebado el SCR se puede anular la tensión de puerta y el SCR continuará conduciendo hasta que la corriente en el dispositivo disminuya por debajo de la corriente de mantenimiento (corriente mínima que asegura que continúa la avalancha). Este valor mínimo lo determina el fabricante del SCR.

El SCR es el dispositivo más utilizado en infinidad de aplicaciones en electrónica de potencia y de control, tales como: controles de fase, circuitos de retardo de tiempo, protección de fuentes de alimentación reguladas, interruptores estáticos, control de motores, inversores, cicloconversores, cargadores de baterías, controles de calefacción., etc

7.1.1. Circuitos de control de potencia mediante SCR's

Con el propósito de controlar la potencia sobre una carga, se puede plantear el siguiente circuito básico:

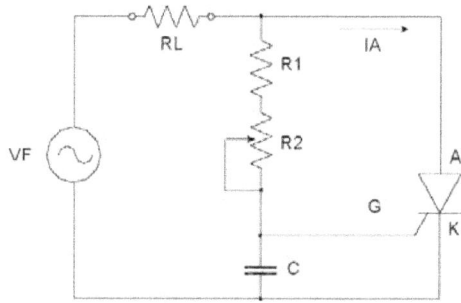

Control de potencia básico

Supongamos que se dispone de un circuito de cebado que está sincronizado con la alimentación AC y que este circuito genera una señal VGK capaz de poner en conducción al SCR. Dicha señal de cebado aparecerá tras un tiempo controlable después del cruce por cero de la entrada AC: es decir:

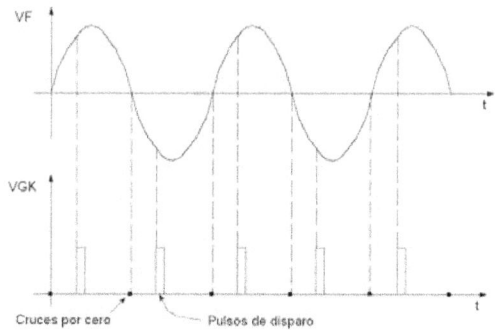

Pulsos de disparo para el control de potencia

Hay que notar que durante el semiciclo positivo de VF, el voltaje VAK es también positivo. De esta manera, al aparecer el pulso de disparo, el SCR se cebará y entrará en conducción. La conducción se mantendrá durante el resto del semiciclo positivo (aunque el pulso de disparo haya desaparecido) hasta que cerca del cruce por cero de VF la corriente IA del SCR caerá por debajo de la corriente de mantenimiento, produciendo el apagado del SCR. Aunque durante el semiciclo negativo de VF también se producen pulsos de disparo, estos no producen el cebado del SCR, ya que la corriente del mismo no puede circular en sentido contrario. En el gráfico que se presenta a continuación, se muestran las diversas formas de onda del circuito:

135

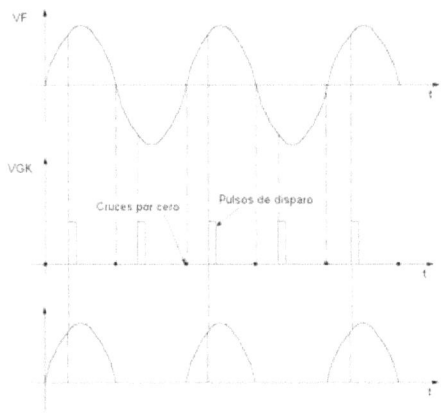

Como se observa, el voltaje en la carga tiene siempre un promedio positivo. Si se varía el retardo entre el cruce por cero y la aparición de los pulsos de disparo, también se producirán cambios en el valor promedio de la tensión sobre la carga. De esta manera se puede controlar la potencia en función del retardo de los pulsos de disparo.

Resulta conveniente definir algunos detalles con respecto a la onda que se observa en la salida:

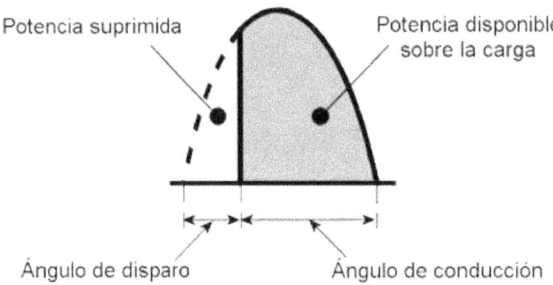

Ángulo de disparo y ángulo de conducción del SCR

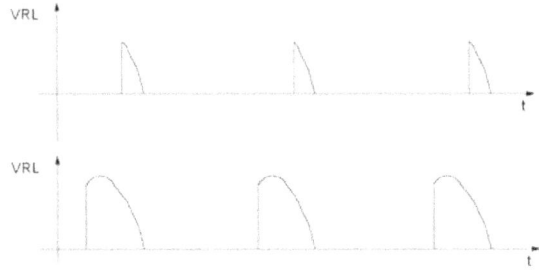

Voltaje en la carga con distintos ángulos de disparo

Existen muchas posibilidades para implementar el circuito de disparo, los más versátiles y flexibles emplean otros componentes electrónicos para generar dicha señal. A continuación se muestra un esquema muy sencillo, basado en componentes pasivas:

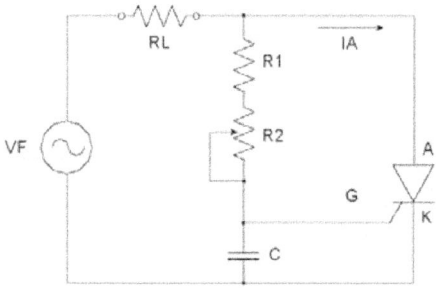

Control de potencia sencillo

En este circuito, el condensador se carga con una cierta constante de tiempo. Variando el potenciómetro se modifica dicha constante de tiempo y por lo tanto se logra una variación del requerido para que el condensador se cargue lo suficiente como para producir el disparo del SCR.

En los circuitos analizados hasta ahora se hace rectificación controlada de media onda. También se puede hacer rectificación controlada de onda completa, con lo que se enviará hacia la carga el semiciclo negativo rectificado, obteniendo así mayor potencia sobre la carga. En este caso se requieren dos circuitos de disparo:

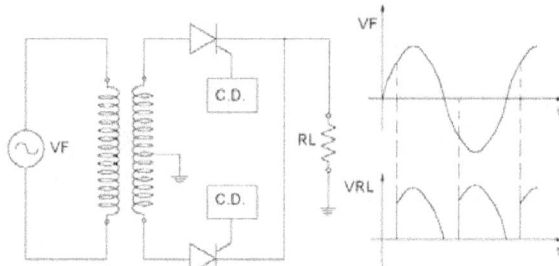

Rectificador controlado de onda completa

Se puede hacer lo mismo sobre el rectificador de onda completa tipo puente:

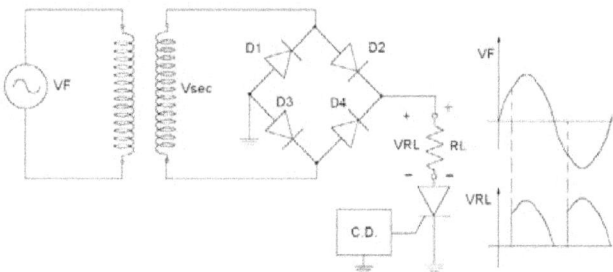

Rectificador controlado tipo puente

7.2. El TRIAC

El TRIAC es un dispositivo semiconductor que también se basa en el diodo de cuatro capas. El TRIAC es en esencia la conexión de dos tiristores en paralelo pero conectados en sentido opuesto y compartiendo la misma compuerta. Posee tres terminales: A1, A2 (en este caso pierden la denominación de ánodo y cátodo) y puerta. El disparo o cebado del TRIAC se realiza inyectando una corriente al electrodo puerta.

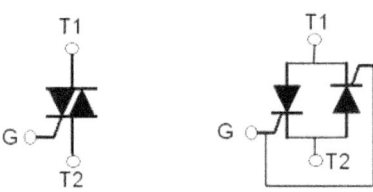

El TRIAC y su equivalente

7.2.1. Circuitos de control de potencia mediante TRIACS

El TRIAC sólo se utiliza en corriente alterna y al igual que el SCR, se dispara por la compuerta. Como el TRIAC funciona en corriente alterna, habrá una parte de la onda que será positiva y otra negativa.

La parte positiva de la onda (semiciclo positivo) pasará por el TRIAC siempre y cuando haya habido una señal de disparo en la compuerta, de esta manera la corriente circulará de arriba hacia abajo (pasará por el SCR que apunta hacia abajo). De igual manera la parte negativa de la onda (semiciclo negativo) pasará por el TRIAC siempre y cuando haya habido una señal de disparo en la compuerta, de esta manera la corriente circulará de abajo hacia arriba (pasará por el SCR que apunta hacia arriba). En ambos semiciclos ocurre el apagado del TRIAC cerca del cruce por cero de la onda de entrada (cuando la corriente resulta inferior a la de mantenimiento).

Para ambos semiciclos la señal de disparo se inyecta en la misma patilla (la puerta o compuerta).

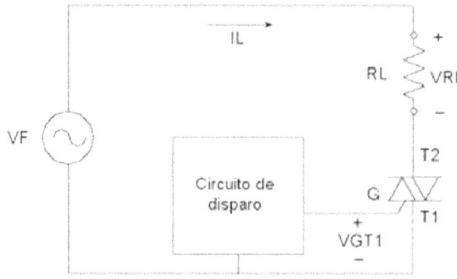

Control de potencia AC empleando un TRIAC

138

En este caso, las formas de onda en la carga para dos ángulos de disparo diferentes serán las siguientes:

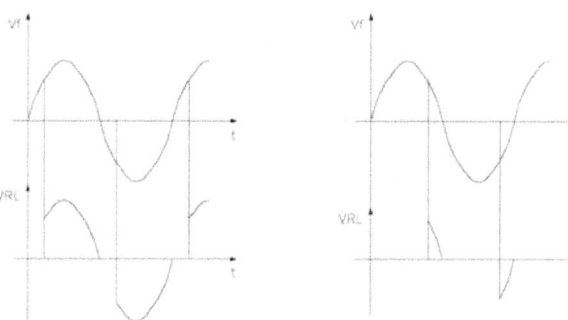

Formas de onda en un control de potencia AC con TRIAC

Recordemos nuevamente que la diferencia básica con respecto al control con SCR es que ahora la onda en la carga es una señal AC (controlada en potencia) con componente DC nula.

8. EL TRANSISTOR BIPOLAR

Como se comentó en la introducción, la invención del transistor bipolar a mediados del siglo XX (Inventado por John Bardeen, William Bradford Shockley y Walter Brattain), marcó un antes y un después en el mundo de la electrónica. El transistor bipolar es el dispositivo que se ha empleado (y se sigue empleando) como elemento fundamental para el diseño de los circuitos electrónicos (incluyendo los circuitos integrados). En este punto, sería injusto no mencionar también como elementos básicos constructivos a los distintos tipos de transistores de efecto de campo, con fechas de invención posteriores al transistor bipolar.

La característica básica que hace que el transistor sea un dispositivo tan útil es su propiedad de amplificar corriente, cosa que se detallará en este capítulo.

En la figura presentada a continuación se muestran varios transistores de diferentes potencias. Como ya se ha comentado otras veces, este dispositivo de tres terminales no se puede distinguir a simple vista de otros que tengan el mismo número de patillas.

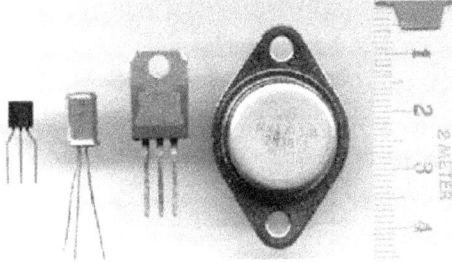

8.1. Características del transistor bipolar NPN

Los transistores bipolares surgen de la unión de tres cristales de semiconductor con dopajes diferentes, en el caso del transistor NPN, su estructura, un equivalente muy simple y su símbolo son los siguientes:

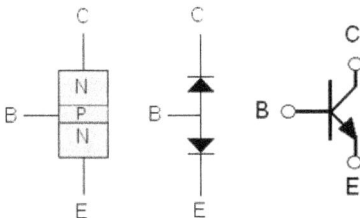

Estructura, equivalente simple y símbolo de un transistor NPN

NOTA: *El modelo equivalente muy simplificado que se muestra, no resulta nada útil para pronosticar el comportamiento del transistor como dispositivo amplificador, sólo se muestra con el propósito de resaltar que en el transistor existen dos junturas, la juntura BE y la juntura BC.*

En función de la polarización de estas dos junturas, el transistor puede operar en cuatro regiones diferentes:

1. Región activa: Juntura BE polarizada en directo (VBE=0,7V) y juntura BC polarizada en inverso (VBC<0,7V). Otra manera de expresar esta condición es decir que VBE=0,7V y que VCE>0, normalmente estas últimas condiciones son las que se emplean en el análisis de la región activa

   Bajo estas condiciones de polarización el dispositivo funciona como amplificador de corriente. Éstas son las condiciones necesarias para que el dispositivo opere como elemento amplificador.

   En la región activa del transistor la corriente de colector es b veces mayor que la corriente de base, es decir:

   $$IC = \beta \; X \; IB$$

   El parámetro b se denomina ganancia de corriente del transistor, su valor depende del transistor seleccionado y puede estar comprendido entre 100 y 300 como valores típicos.

2. Región de corte: Ambas junturas polarizadas en inverso (VBE<0,7V y VBC<0,7V). El transistor se porta como un circuito abierto y no circula ninguna corriente por sus terminales, es decir: IB=IC=IE=0.

3. Región de saturación: Ambas junturas polarizadas en directo (VBE=0,7V y VBC=0,7V). Bajo estas condiciones, entre colector y emisor se observa un voltaje igual a 0V, de manera que tenemos un circuito cerrado entre colector y emisor. Para que el transistor se sature, se requiere que , donde β x IB > ICsat es la corriente de colector en el estado de saturación (con VCE=0).

   En muchas aplicaciones se utiliza el transistor como interruptor, haciendo que las condiciones de operación del mismo pasen de corte a saturación y viceversa.

4. Región activa inversa: VBC=0,7V y VBE<0,7V. Esta región carece de utilidad práctica.

8.1.1. Corrientes y voltajes en la región activa

Analicemos un circuito, suponiendo que el transistor está operando en la región activa:

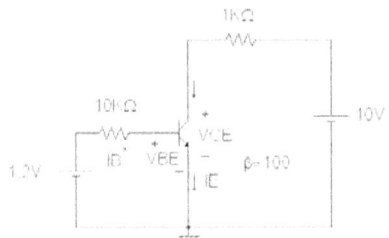

Hallemos en primer lugar la corriente de base IB. Como se observa, la fuente de 1,2V en la malla de base asegura que la juntura BE está polarizada en directo (VBE=0,7V):

$$1,2V = IB \times 10K\Omega + 0,7V$$

$$IB = \frac{1,2V - 0,7V}{10K\Omega} = 50\mu A$$

la corriente de colector será:

$$IC = \beta \times IB = 100 \times 50\mu A = 5mA$$

y la corriente de emisor será:

$$IE = IB + IC = 5,05mA$$

una vez conocida la corriente de colector, puede hallarse el voltaje colector-emisor:

$$VCE = 10V - 5mA \times 10K\Omega = 10V - 5V = 5V$$

Dado que el voltaje VCE es de 5V, se cumplen las condiciones para que el transistor se encuentre en la región activa (VBE=0,7V y VCE>0V).

8.1.2. Amplificación de voltaje en la región activa. Aplicaciones

Como ya se ha visto, la corriente de colector del transistor muestra una ganancia con respecto a la corriente de base. Cualquier incremento en la corriente de base se verá amplificada por b a nivel de la corriente en el colector. Esta ganancia b del transistor puede ser utilizada para obtener también amplificación de voltaje mediante un transistor. A continuación se analizará un montaje sencillo de un amplificador de voltaje:

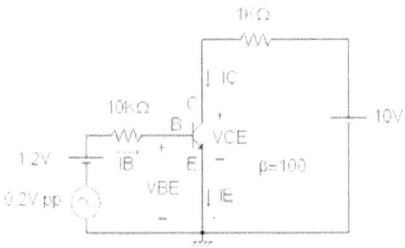

En el mismo circuito que ya se ha analizado, se ha colocado en serie con la fuente de 1,2V una señal alterna con un valor de 0,2V pico a pico. Obviamente la corriente de base sufrirá cambios, producto de la presencia de esta señal. A continuación, se calculará la máxima corriente de base, que ocurrirá en el pico positivo (+0,1V) de la señal AC:

$$1,2V + 0,1V = IBmax \times 10K\Omega + 0,7V$$

$$IBmax = \frac{1,2V + 0,1V - 0,7V}{10K\Omega} = 60\mu A$$

la corriente de colector será:

$$ICmax = \beta \times IBmax = 100 \times 60\mu A = 6mA$$

la corriente de emisor será:

$$IE = IB + IC = 6,06mA$$

una vez conocida la corriente de colector, puede hallarse el voltaje colector-emisor:

$$VCE = 10V - 6mA \times 10K\Omega = 10V - 6V = 4V$$

dado que VCE>0, el transistor sigue activo.

Ahora se calculará la nueva situación cuando la señal alterna esté en su pico negativo (-0,1V):

$$1,2V - 0,1V = IBmin \times 10K\Omega + 0,7V$$

$$IBmin = \frac{1,2V - 0,1V - 0,7V}{10K\Omega} = 40\mu A$$

la corriente de colector será:

$$ICmin = \beta \times IBmin = 100 \times 40\mu A = 4mA$$

la corriente de emisor será:

$$IE = IB + IC = 4,04mA$$

una vez conocida la corriente de colector, puede hallarse el voltaje colector-emisor:

$$VCE = 10V - 4mA \times 10K\Omega = 10V - 4V = 6V$$

dado que VCE>0, el transistor sigue activo.

Como se observa, VCE ha cambiado de 4V a 6V, es decir, VCE ha presentado un cambio de 2Vpp mientras que en la entrada del circuito la señal sólo es de 0,2Vpp. En definitiva, la señal de salida en el colector es 10 veces superior a la señal de entrada.

En líneas generales, la amplificación de señal es una de las propiedades más útiles del transistor. La necesidad de amplificar las señales está presente en la mayoría de los sistemas electrónicos (vale citar como ejemplo cualquier aparato de audio). En este proceso, los transistores desarrollan un papel fundamental, ya que con las condiciones adecuadas, pueden entregar a una determinada carga una potencia de señal mayor que la presente en la entrada.

Naturalmente, con los conocimientos hasta aquí adquiridos no podemos analizar circuitos complejos con transistores. A título de curiosidad, se presenta a continuación un preamplificador de audio con control de volumen que permite tomar la señal de un micrófono y amplificarla hasta un nivel adecuado como para que pueda alimentar a un amplificador de potencia de audio:

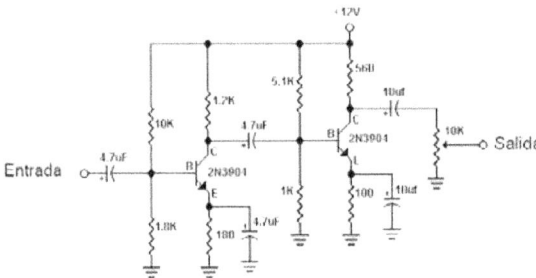

8.1.3. El transistor como interruptor. Aplicaciones

El manejo de un transistor como interruptor (entre las regiones de corte y saturación) tiene un enorme campo de aplicación en la electrónica (en particular en los circuitos digitales).

Utilizando el mismo esquema básico que hemos empleado hasta ahora, analizaremos al transistor entre corte y saturación:

Ahora en la malla de base colocamos una onda cuadrada, de manera que cuando esté en 0V asegure el corte del transistor y que con 5V asegure la saturación del mismo.

Comprobemos que los 0V en la entrada aseguran el corte. Recordemos que el corte se logra con VBE<0,7V y VBC<0,7V y que en el estado de corte no hay circulación de corriente en el dispositivo. Colocamos en el esquema el modelo de corte:

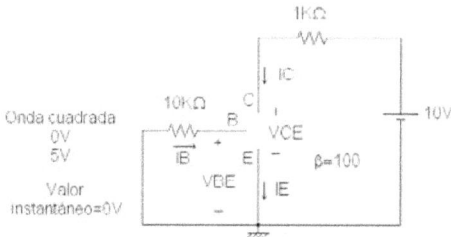

comprobando los voltajes, se tiene:

VB=0V

VE=0V

VC=10V

Por lo tanto:

VBE = VB – VE = 0V

VBC = VB – VC = -10V

Efectivamente se cumplen las condiciones de corte. Tanto VBE como VBC son menores que 0,7V. Ninguno de los diodos del modelo simplificado conduce (IB=IC=IE=0).

Comprobemos ahora que con 5V en la entrada, el transistor se satura. Recordemos que ambas junturas se polarizan en directo (VBE=VBC=0,7V) y que β X IB > ICsat:

Resolviendo la malla en la base:

$$5V = IB \times 10K\Omega + 0,7V$$

$$IB = \frac{5V - 0,7V}{10K\Omega} = 430\mu A$$

145

la corriente de colector en el estado de saturación será:

$$ICsat = \frac{10V}{1K\Omega} = 10mA$$

comprobemos ahora si es válida la condición de saturación βxIB > IC sat

$$\beta \times IB = 100 \times 430^{\mu}A = 43mA$$

Se cumple holgadamente la condición de saturación, ya que 43mA>10mA

Bajo estas condiciones se puede pensar que el transistor está operando como un interruptor (comandado por la señal de entrada cuadrada), que conecta o desconecta la resistencia de 1K a la fuente de 10V:

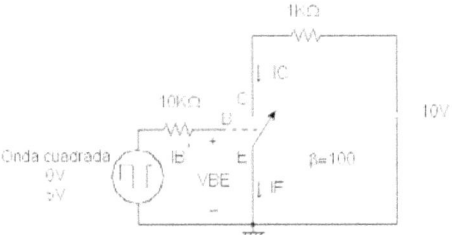

Para mostrar una aplicación del transistor como interruptor, acudiremos a un circuito que ya hemos analizado con anterioridad:

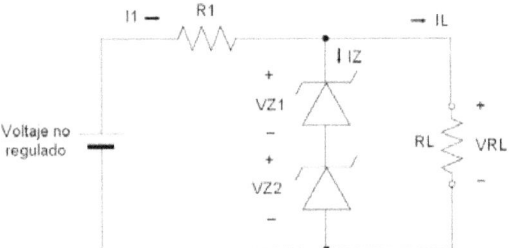

Se trata simplemente de un regulador Zener en el que se han colocado 2 Zeners en serie, por lo que el voltaje de la carga será VZ1+VZ2, siempre y cuando se cumplan las condiciones para una correcta operación del circuito. A este circuito le añadiremos un transistor como se muestra a continuación:

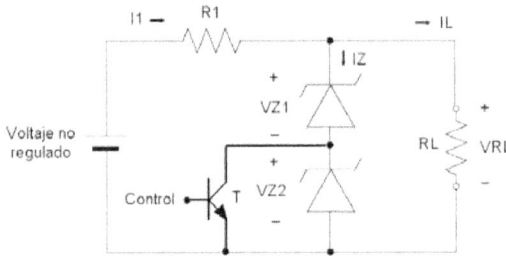

146

Si la señal de control es adecuada, se puede manejar al transistor T entre corte y saturación. En saturación, la tensión de salida será VZ1 (el Zener 2 deja de conducir, ya que el transistor está saturado y VCE=0V). En corte la tensión de salida será VZ1+VZ2. De esta manera podemos tener un control electrónico sobre el voltaje de salida.

A continuación se presenta un posible circuito para establecer el mando ON-OFF de un motor de corriente contínua, mediante el corte y la saturación del transistor:

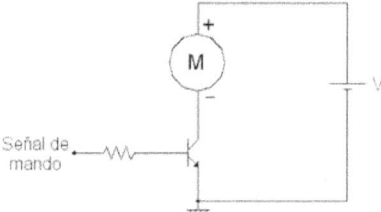

En este momento resulta conveniente indicar las diferencias que existen entre el comportamiento de un transistor real y el modelo que hemos estado empleando del mismo. A continuación se muestran la característica voltaje corriente de un transistor, compuesta por una familia de curvas de IC para diferentes valores de IB:

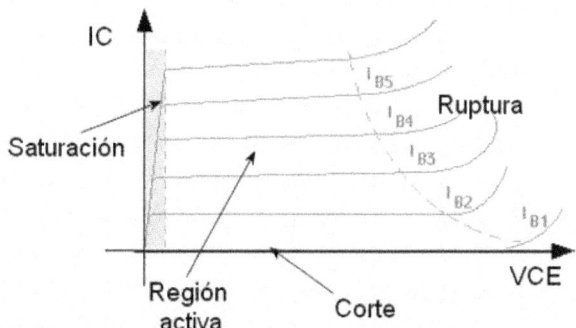

Características VCE-IC para diferente valores de IB

Las diferencias más destacadas son las siguientes:

1. En el estado de corte puede fluir una pequeña corriente de colector que resulta despreciable a fines prácticos.

2. En el estado de saturación el voltaje VCE no es cero. En la práctica se pueden observar tensiones de unas décimas de voltio (típico 0,2V).

3. En la región activa, con un valor de IB constante, se observa un pequeño incremento en la IC a medida que crece VCE.

4. Cuando se supera un cierto valor de VCE (VCEmax), se presenta un fenómeno de ruptura. Obviamente el transistor seleccionado para una aplicación particular debe tener un VCEmax mayor que el que tendremos en nuestro circuito.

8.2. Características y aplicaciones del transistor bipolar NPN

El transistor PNP es el dispositivo complementario al transistor NPN, teniendo unas características semejantes a este último. Las diferencias básicas entre ambos consisten en que en un transistor PNP las corrientes circulan en sentido contrario, y los voltajes requeridos en las junturas tienen el signo contrario.

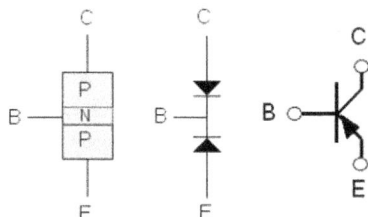

Estructura, equivalente simple y símbolo de un transistor NPN

A continuación se muestra un esquema típico de polarización para un transistor PNP:

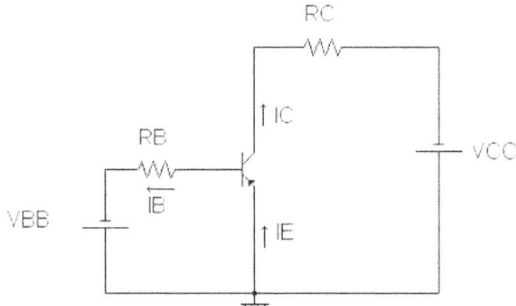

Circuito de polarización de un transistor PNP

En la práctica se prefiere la utilización de los transistores NPN sobre los PNP. El transistor PNP solo se emplea en aquellas configuraciones en las que resulta indispensable el sentido de circulación de corriente que impone el transistor PNP. Esta condición es necesaria en algunas etapas de salida de amplificadores de potencia, tal como se muestra en la siguiente ilustración, en la que se resalta el transistor PNP:

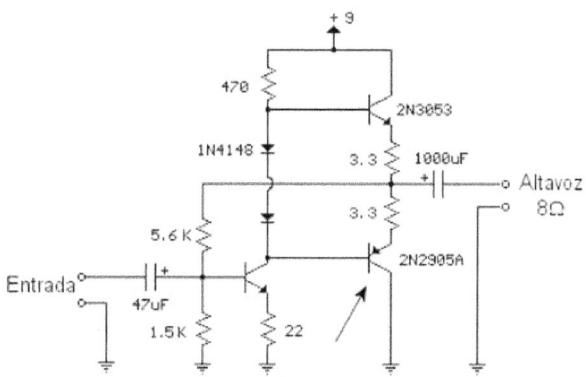

Amplificador de potencia (audio)

La etapa de salida está formada por una configuración de transistores complementarios, un NPN (2N3053) y un PNP (2N2905A).

9. EL TRANSISTOR DE EFECTO DE CAMPO. APLICACIONES

A groso modo, existen dos tipos de transistores de efecto de campo: El transistor JFET (Junction Field Effect Transistor) y el transistor MOSFET (Metal Oxide Semiconductor Field Effect Transistor). Casi todos ellos son dispositivos de tres terminales (también existen algunos dispositivos especiales de 4 terminales). Como siempre, a simple vista, su aspecto externo no permite distinguirlo de otros dispositivos de tres terminales. Estos tres terminales se llaman Drenador (D), Surtidor (S) y Gate o compuerta (G).

Los transistores de efecto de campo poseen lo que se llama un canal, zona por la que pasa la corriente interna en el dispositivo semiconductor. Dicho canal puede ser tipo P o tipo N, en función de la fabricación del dispositivo. A continuación se muestran los símbolos de algunos transistores de efecto de campo:

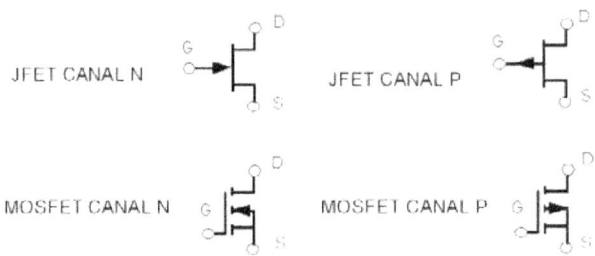

Símbolos de algunos transistores FET

Un FET con canal N posee un comportamiento semejante al de un transistor bipolar NPN (ya detallaremos las diferencias), mientras que un FET con canal P posee un comportamiento semejante al de un transistor bipolar PNP. Por otra parte, el Gate guarda cierta semejanza con la base del transistor bipolar, ya que es el terminal en el que normalmente se inyecta la señal de entrada al FET. De igual forma, el Drenador cumple funciones semejantes al colector del bipolar y el Surtidor guarda semejanza con el colector.

En la figura presentada a continuación se muestran los circuitos de polarización de un MOSFET canal N junto al de un transistor NPN, con el propósito de apreciar las semejanzas que se han comentado entre ambos dispositivos:

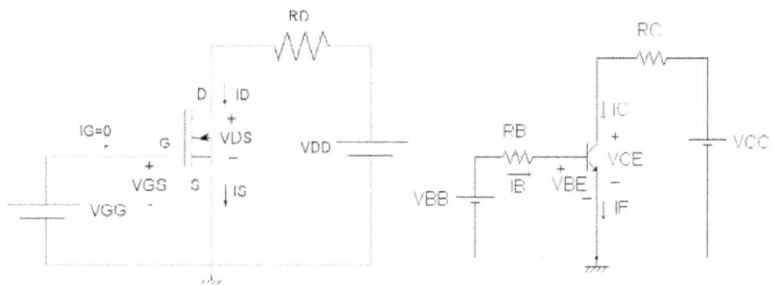

Polarización de un MOSFET canal N y de un transistor NPN

La única diferencia que salta a la vista es la siguiente: Mientras en el transistor existe corriente de base (que resulta amplificada en el colector), en le gate no hay paso de corriente (IG=0), por lo que ID=IS. Tampoco se requiere la resistencia RB. La corriente del drenador es una función del voltaje VGS que se aplica al MOSFET, no de la corriente que entra al dispositivo.

De la misma manera que un transistor bipolar tiene una familia de curvas de IC en función de IB, el MOSFET tiene una familia de curvas de ID en función de VGS:

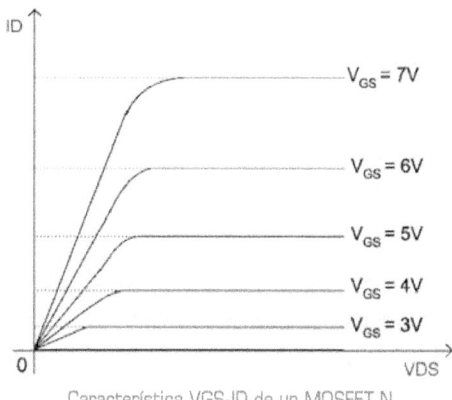

Característica VGS-ID de un MOSFET N

De un análisis de las características del MOSFET, se pueden extraer algunas aplicaciones destacadas de dicho dispositivo:

1. Con VGS=0V, en el MOSFET mostrado no hay circulación de corriente (ID=0). Esta condición es equivalente al corte del transistor bipolar.

2. Para valores "bajos" de VDS (y VGS constante), la corriente ID varía de manera lineal (observe el gráfico) con las variaciones de VDS. En esta región, llamada zona óhmica, el MOSFET se comporta como una resistencia. Su valor R depende del voltaje VGS aplicado y de las características del MOSFET. Para MOSFETS fabricados específicamente para conmutación, el valor de R puede ser de algunos mΩ.

Esta última característica implica que el MOSFET puede ser es un

151

dispositivo magnífico para aplicaciones como interruptor. En este campo es netamente superior a un transistor bipolar y es donde el MOSFET tiene más aplicaciones, ya que el voltaje VDS en la región óhmica puede ser mucho menor que el voltaje de saturación de un bipolar real.

3. Para valores "altos" de VDS (una vez superada la región óhmica), la corriente ID permanece prácticamente constante para valores de VGS constantes. Esto lo convierte en un dispositivo ideal para aplicaciones en las que se requiera una fuente de corriente constante. En esta misma zona de operación, el MOSFET puede ser utilizado como amplificador, pero sus características no son muy buenas en este campo, ya que la relación entre el voltaje VGS y la corriente ID es cuadrática, lo que implica distorsión.

En resumen: El FET es superior al bipolar en el campo de la conmutación, mientras que el bipolar supera al FET en aplicaciones de conmutación.

Por ejemplo, con anterioridad se analizó un circuito que permitía, mediante un transistor bipolar, obtener dos valores de tensión regulada mediante una señal de control. A continuación se muestra ese mismo circuito utilizando un MOSFET. En este caso no se requerirá que la señal de control entregue corriente al MOSFET (recordemos que IG=0):

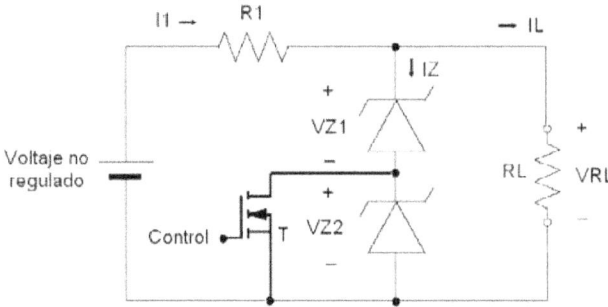

10. DISPOSITIVOS OPTOELECTRÓNICOS

Cualquier dispositivo optoelectrónico se caracteriza por poseer la propiedad de ser capaz de convertir una señal eléctrica en una señal luminosa o viceversa, es decir, convertir una señal de luz en una señal eléctrica. La señal luminosa en cuestión puede estar dentro del espectro luminoso visible o invisible (tal como la luz infrarroja).

Sin recurrir a ejemplos rebuscados, el mando a distancia de nuestro televisor incluye un emisor de luz infrarroja, que envía en un haz de luz modulado en el que se encuentra la información de que queremos bajar el volumen de la tele (porque hay anuncios). En la parte frontal del televisor de encuentra un receptor que convierte esa señal luminosa en eléctrica, encargándose la electrónica del televisor de bajar el volumen de acuerdo a nuestros deseos.

A continuación, analizaremos algunos dispositivos optoelectrónicos.

10.1. El diodo LED

Un diodo LED (Light Emitting Diode - Diodo emisor de luz) es un diodo es un dispositivo semiconductor que emite luz monocromática cuando se polariza en directo y circula por él una corriente eléctrica. El color de la luz del LED depende del material semiconductor empleado en su construcción, pudiendo variar desde el ultravioleta, pasando por el espectro de luz visible, hasta el infrarrojo.

A continuación, se presenta el símbolo del LED, varios LEDs (la escala está en cm.) y diversos paneles luminosos construidos con LEDs:

Para que un LED se encienda con una luminosidad razonable, por él debe circular una corriente de unos 15 ó 20mA, mientras que la tensión en directo del dispositivo es de aproximadamente 2V (no es un diodo de Silicio). Valga el siguiente circuito como ejemplo:

153

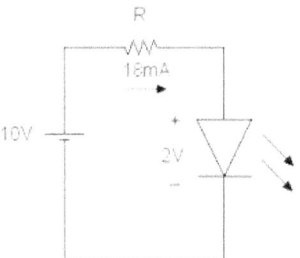

Se pide calcular la resistencia R para que circule por el LED una corriente de 18mA.

Basta resolver la malla:

$$10V = 18mA \times R \times 2V$$

$$R = \frac{8V}{18mA} = 444\Omega$$

Si deseamos encender o apagar el LED mediante una señal eléctrica, se puede añadir un transistor (que opere como interruptor) al circuito:

Obviamente, la señal de control y la Resistencia R deben tener los valores adecuados que garanticen el corte del transistor y la saturación del mismo con una corriente de colector de 18mA.

10.2. El fotodiodo

Es un diodo semiconductor diseñado de manera que la luz que incide sobre él genere una corriente eléctrica que guarda proporción con la luz recibida sobre el dispositivo. Los fotodiodos se utilizan para leer la información de los discos compactos con la ayuda de un rayo láser. Un detector, como el fotodiodo, desarrolla una función opuesta a una fuente, como el LED ya que el fotodiodo convierte energía luminosa en energía eléctrica.

El fotodiodo está encapsulado de tal forma que la unión PN queda expuesta a través de una ventana a la incidencia de la radiación luminosa, tal como se muestra en la imagen, que incluye su símbolo:

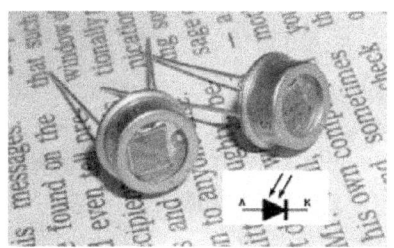

10.3. El fototransistor

El fototransistor es un dispositivo sumamente parecido al fotodiodo. En esencia, se trata de un transistor bipolar encapsulado de manera que la unión base-colector quede expuesta a la luz mediante una ventana transparente. El fototransistor puede ser utilizado con el terminal de base sin conexión, ya que la señal luminosa recibida en su ventanilla produce el equivalente a la corriente de base que resulta amplificada por el transistor. Si se desea, también puede ser utilizado el terminal de base, con lo que la corriente de colector dependerá de la de base (esencialmente polarización) más un añadido por la cantidad de luz que recibe el dispositivo. Debe notarse que, por sus características, el fototransistor tiene una respuesta más lenta que el fotodiodo.

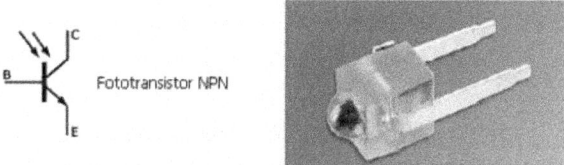

Símbolo y aspecto de un fototransistor

A continuación se muestra un fototransistor con su correspondiente circuito de polarización. Para una correcta operación del dispositivo se deben seleccionar valores adecuados en las resistencias para que el transistor opere en la región activa. Una vez polarizado, el voltaje colector-emisor variará en función de la cantidad de luz recibida en el dispositivo.

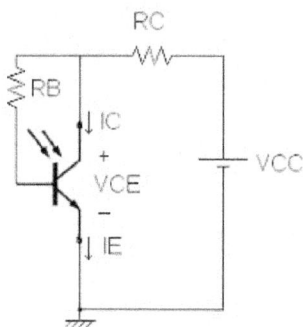

155

10.4. Optoacopladores

También llamados optoaisladores, los optoacopladores son dispositivos en los cuales se reúnen, dentro de un empaque que no permite el paso de luz externa, un fotoemisor, un fotorreceptor y una vía dentro del empaque para que entre el transmisor y el receptor pueda pasar la luz. La idea básica tras estos dispositivos es la de poder enviar información del emisor al receptor sin que las señales eléctricas tengan alguna conexión común entre el receptor y el transmisor.

En otras palabras, el receptor y el transmisor están totalmente aislados desde el punto de vista eléctrico, pero entre ambos existe una vía de comunicación óptica (aislada del mundo externo).

A continuación se muestra un circuito sencillo que ilustra esta idea. Normalmente, un optoacoplador se simboliza encerrando al emisor y al receptor dentro de un recuadro:

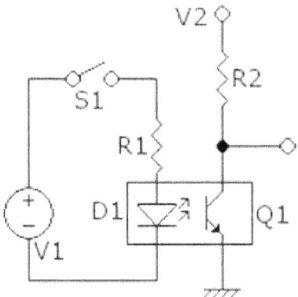

Debemos fijarnos en que el circuito relacionado con la fuente V1, el interruptor y el diodo emisor de luz no está referenciado a la conexión de tierra que se encuentra en el circuito del fototransistor. Si se cierra el interruptor, se encenderá el LED y el fototransistor recibirá esa información. El voltaje colector-emisor del transistor cambiará (antes estaba cortado, ya que no había luz en su base), indicando así el cambio de estado del interruptor.

Aparte de disponer de optoacopladores con un transistor como receptor de luz, también existen con receptor tipo TRIAC, cosa que facilita la conexión hacia etapas de control de potencia que manejen 220V AC, sin necesidad de que el circuito de manejo tenga ninguna conexión común con la red eléctrica doméstica:

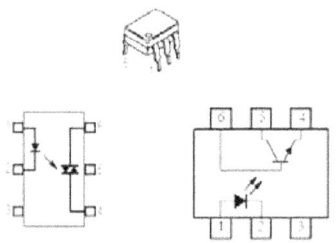

Aspecto y terminales de diversos otpoacopladores

156

11. EL AMPLIFICADOR OPERACIONAL. CARACTERÍSTICAS

El amplificador operacional es un circuito integrado formado internamente por varias etapas de amplificación basadas en transistores. Este conjunto amplificador posee 3 características distintivas: Ganancia de voltaje muy alta, elevada resistencia de entrada y resistencia de salida baja. A continuación, se detallarán un poco estás características, utilizando los valores de un amplificador operacional comercial: El $^\mu$A741, circuito integrado que a pesar de tener unos 40 años de existencia, sigue (y seguirá) siendo muy utilizado.

- Ganancia de voltaje muy alta: El $^\mu$A741 posee una ganancia típica de 100.000. La entrada del amplificador es de tipo diferencial, es decir, existen dos terminales de entrada y la entrada neta al elemento amplificador es la diferencia entre ambas señales. Dicha diferencia es la que resulta ser amplificada por la ganancia de 100.000 del operacional.

- Resistencia de entrada muy alta. El $^\mu$A741 tiene típicamente $2M\Omega$ de resistencia de entrada, cosa que implica que la corriente que entra al amplificador es sumamente baja (unos cuantos mA).

- Resistencia de salida muy baja. El $^\mu$A741 tiene típicamente 75Ω de resistencia de salida. Pese a este bajo valor, la corriente de salida está limitada por los circuitos internos a $\pm25mA$.

En un circuito, el amplificador operacional se representa mediante este símbolo:

Símbolo del amplificador operacional

Para su correcto funcionamiento, el operacional debe poseer dos voltajes de alimentación, uno positivo y otro negativo. Normalmente en los esquemas no se muestra dicha polarización, ya que se da por descontado que la misma existe:

A continuación, se muestra la relación entre el voltaje diferencial de entrada y el voltaje de salida de operacional:

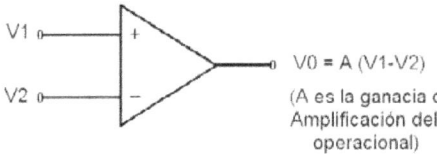

En teoría, si colocamos en ambas entradas del operacional el mismo voltaje, la salida debería ser 0V, ya que la diferencia entre las entradas es nula. En la práctica esto no ocurre. Debido a las pequeñas imperfecciones que poseen los transistores que forman el operacional, existe un pequeño diferencial en la entrada. Esta señal diferencial es de unos milivoltios y en aplicaciones normales resulta despreciable. En caso de que nos resulte de interés anular ese diferencial (llamado Offset), el operacional dispone de unos terminales a tal fin, que se deben conectar como se muestra a continuación:

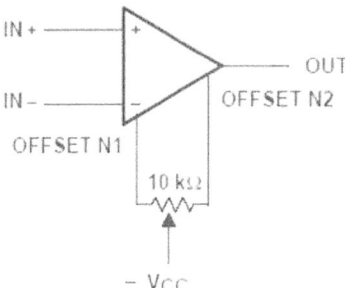

Circuito de compensación de offset

En la siguiente imagen se muestra uno de los posibles empaques para un mA741, junto con su relación de patillas:

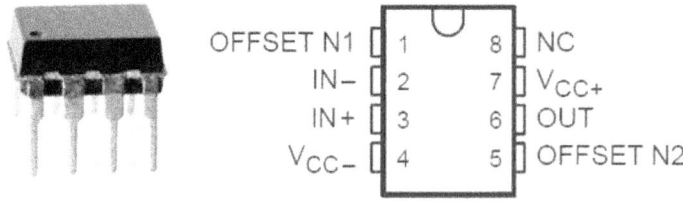

Por último, sólo por curiosidad, se muestra el esquema interno de este circuito integrado:

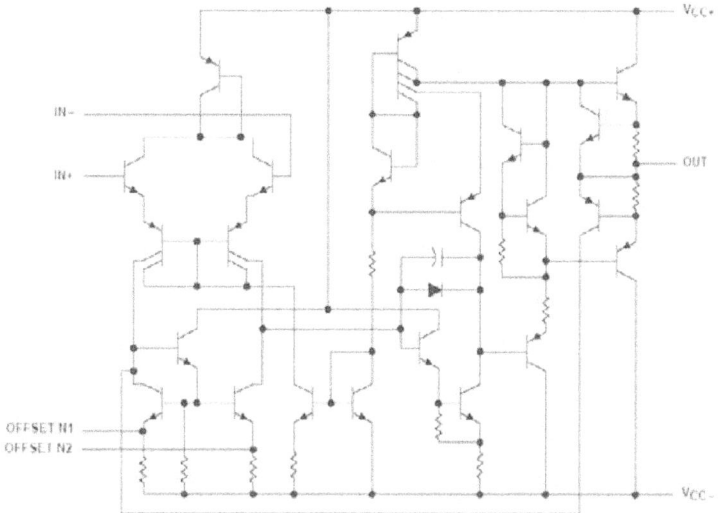

Esquema interno del µA741

11.1. Aplicaciones del amplificador operacional

El nombre "Amplificador Operacional" viene justamente de la posibilidad que ofrece este circuito integrado de efectuar operaciones matemáticas con señales, tales como la suma o la resta, así como operaciones mucho más complejas, tales como integración o derivación. Casi todas las aplicaciones del operacional se caracterizan por no depender de las características del operacional utilizado, sino del resto de los elementos (activos o pasivos) que rodean al operacional. En particular, en un amplio espectro de aplicaciones, el comportamiento del circuito sólo depende de valores resistivos.

A continuación se citarán un grupo de aplicaciones del amplificador operacional, extraídas directamente de la nota de aplicación Nº31, que la empresa National Semiconductor publica con el propósito de promocionar el uso de sus circuitos integrados (Op Amp Circuit Collection, National Semiconductor Application Note 31 - September 2002). En todos los circuitos presentados no se mostrarán las indispensables fuentes de alimentación, así como los componentes para neutralizar el offset.

Amplificador inversor:

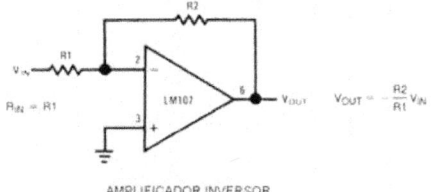

AMPLIFICADOR INVERSOR

159

El circuito se llama inversor, ya que invierte el signo del voltaje de entrada. Si la entrada VIN es positiva, la salida VOUT será negativa y viceversa.

Supongamos que se desea un amplificador cuya ganancia sea –10 y que posea una resistencia de entrada de 10KΩ. Como se observa en el texto del dibujo, la resistencia de entrada (RIN) es la resistencia R1, de manera que su valor será R1=10KΩ.

La expresión de la ganancia de voltaje del circuito

$$\frac{VOUT}{VIN}$$

también está en el texto del dibujo:

$$\frac{VOUT}{VIN} = -\frac{R2}{R1} \Rightarrow -10 = -\frac{R2}{10K\Omega} \Rightarrow R2 = 100K\Omega$$

Amplificador no inversor (salida con el mismo signo de la entrada):

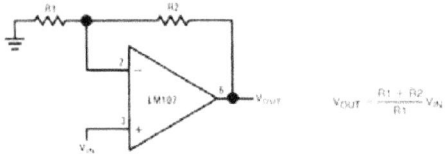

AMPLIFICADOR NO INVERSOR

En este caso la señal de entrada se aplica directamente a la entrada positiva del operacional, por lo que la resistencia de entrada será siempre muy grande.

Supongamos que se desea diseñar un amplificador con ganancia +5, entonces:

$$\frac{VOUT}{VIN} = 5 = \frac{R1+R2}{R1}$$

Como se observa, tenemos dos incógnitas (R1y R2). En electrónica esta situación es muy corriente y se debe seleccionar uno de los dos valores con algún criterio razonable. Sabemos que un operacional sólo puede manejar unos mA en su salida, por lo que normalmente se utilizan alrededor de un operacional resistencia mayores que 1KΩ. De esta manera, se selecciona R1=2KΩ, de esta manera:

$$5 = \frac{R1+R2}{R1} = \frac{2K\Omega+R2}{2K\Omega} \Rightarrow R2 = 8K\Omega$$

Amplificador diferencial:

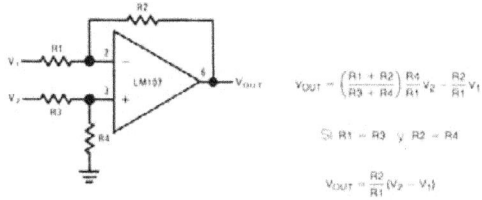

AMPLIFICADOR DIFERENCIAL

Amplificador sumador (con cambio de signo):

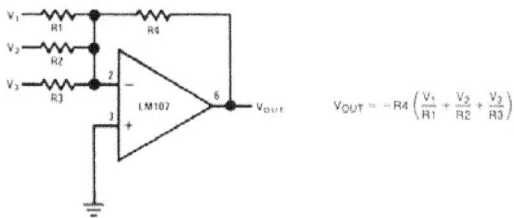

AMPLIFICADOR SUMADOR (CON CAMBIO DE SIGNO)

Amplificador sumador (sin cambio de signo):

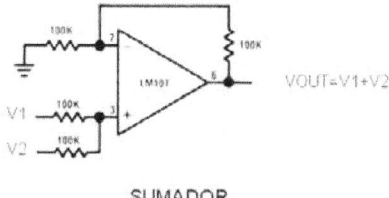

SUMADOR

Amplificador operacional de potencia:

Una de las limitaciones más significativas del operacional es la escasa corriente que puede entregar en su salida. Si se desea implementar un operacional con mayor corriente de salida se puede combinar dicho operacional con un conjunto de transistores que sí son capaces de entregar mayor corriente. En el siguiente circuito se muestra un operacional un capaz de entregar (o absorber) una corriente de hasta 0,5A:

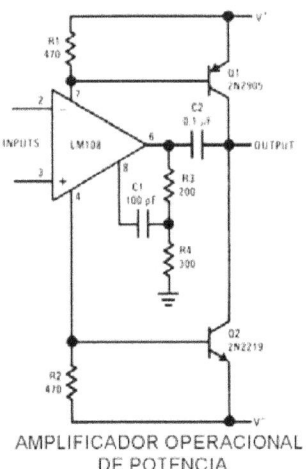

AMPLIFICADOR OPERACIONAL
DE POTENCIA

Comparador de voltaje:

Esta es una de las aplicaciones no lineales más importantes que tiene un operacional. De hecho, existen circuitos integrados específicos para operar bajo esta condición.

El comparador es fundamental para controlar y tomar decisiones en un circuito. Por ejemplo, si se quiere encender la calefacción al caer la temperatura por debajo 20ºC, esta decisión puede ser tomada por un comparador.

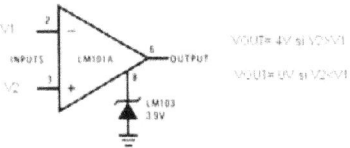

COMPARADOR DE VOLTAJE

Para citar un ejemplo concreto de utilización de un comparador, a continuación se muestra un circuito aplicable a un lector de CD:

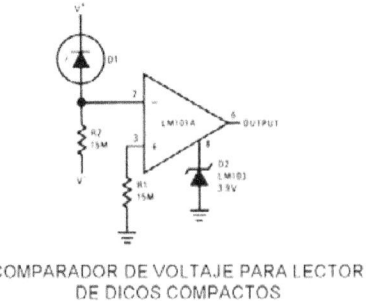

COMPARADOR DE VOLTAJE PARA LECTOR
DE DICOS COMPACTOS

Finalmente, sólo para mostrar el grado de complejidad que puede ser alcanzado en circuitos con operacionales, se presenta un esquema capaz de extraer la raíz cuadrada de un voltaje $(\text{VOUT}=\sqrt{\text{VIN}})$:

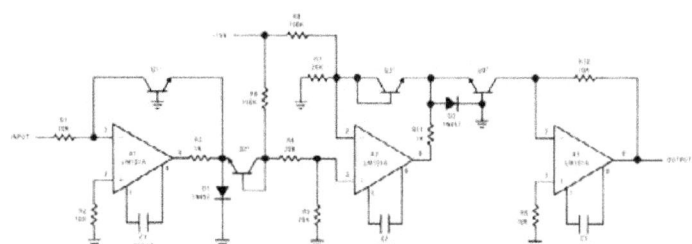

RESUMEN

CONDUCTORES, AISLANTES Y SEMICONDUCTORES

Se dice que un cuerpo es conductor cuando puesto en contacto con un cuerpo cargado de electricidad transmite ésta a todos los puntos de su superficie.

El comportamiento de los aislantes se debe a la barrera de potencial que se establece entre las bandas de valencia y conducción que dificulta la existencia de electrones libres capaces de conducir la electricidad a través del material.

Un material semiconductor es aquel que permite el paso de la corriente bajo unas determinadas condiciones.

EL DIODO

La conductividad del diodo es diferente según sea el sentido en que se aplique un campo eléctrico externo. Existen dos posibilidades de aplicación de este campo: polarización inversa y polarización directa.

APLICACIONES DEL DIODO

Rectificación de media onda

En la figura presentada a continuación se muestra el montaje básico de un rectificador de media onda.

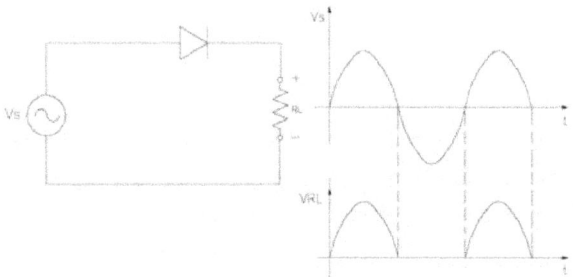

Rectificador de media onda

Notar que el diodo sólo permitirá la conducción durante el semiciclo positivo de la señal alterna Vs. Durante este semiciclo se tendrá sobre la carga RL una tensión pico que será 0,7V inferior al pico de la tensión Vs. Durante el semiciclo negativo el diodo bloquea el paso de la corriente y la tensión en la carga será igual a 0V. Como se observa en el gráfico, la tensión en la carga RL tiene un valor promedio positivo.

Rectificación de onda completa y filtraje

En el circuito presentado a continuación se muestra un rectificador de onda completa:

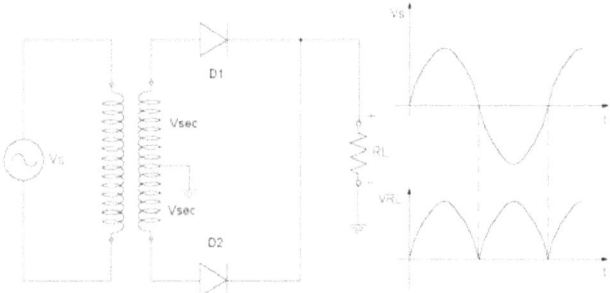

Rectificador de onda completa

En este circuito, el diodo D1 conduce durante el semiciclo positivo de Vs, mientras que el diodo D2 no conduce. Durante el semiciclo negativo se invierten los papeles, conduciendo el diodo D2 mientras que D1 no conduce. Observar cómo la tensión pico sobre la carga RL será igual a Vsec-0,7V.

EL DIODO ZENER

Un diodo Zener, es un diodo de silicio que se ha construido específicamente para que funcione en la zona de ruptura. Llamados a veces diodos de avalancha o de ruptura, los diodos Zener son la parte esencial de los reguladores de tensión, ya que mantienen la tensión entre sus terminales prácticamente constante cuando están polarizados inversamente.

TIRISTORES

Un SCR posee tres conexiones: ánodo (A), cátodo (K) y puerta (G). La puerta es la encargada de controlar el paso de corriente entre el ánodo y el cátodo. Funciona básicamente como un diodo rectificador controlado, permitiendo la circulación de corriente en un solo sentido.

El TRIAC sólo se utiliza en corriente alterna y al igual que el SCR, se dispara por la compuerta. Como el TRIAC funciona en corriente alterna, habrá una parte de la onda que será positiva y otra negativa.

EL TRANSISTOR BIPOLAR

En función de la polarización de estas dos junturas, el transistor puede operar en cuatro regiones diferentes:

Región activa directa, región activa inversa, saturación y corte.

En la región activa directa se utiliza el transistor bipolar como amplificador mientras que entre las regiones saturación y corte tiene utilidad para aplicaciones conmutación.

EL TRANSISTOR DE EFECTO DE CAMPO

El transistor de efecto de campo es superior al transistor bipolar para aplicaciones de conmutación mientras que el transistor bipolar es superior en aplicaciones como elemento amplificador.

DISPOSITIVOS OPTOELECTRONICOS

Cualquier dispositivo optoelectrónico se caracteriza por poseer la propiedad de ser capaz de convertir una señal eléctrica en una señal luminosa o viceversa, es decir, convertir una señal de luz en una señal eléctrica. La señal luminosa en cuestión puede estar dentro del espectro luminoso visible o invisible.

EL AMPLIFICADOR OPERACIONAL. CARACTERÍSTICAS

El amplificador operacional es un circuito integrado formado internamente por varias etapas de amplificación basadas en transistores. Este conjunto amplificador posee 3 características distintivas: Ganancia de voltaje muy alta, elevada resistencia de entrada y resistencia de salida baja.

MÓDULO DOS ELECTROTECNIA

U.D. 4 CIRCUITOS ELECTRÓNICOS ANALÓGICOS BÁSICOS Y SUS APLICACIONES. TIPOLOGÍA Y CARACTERÍSTICAS. ANÁLISIS FUNCIONAL

ÍNDICE

INTRODUCCIÓN

En el módulo anterior se estudiaron las características de una serie de componentes electrónicos básicos, tales como los diodos, transistores, tiristores, optoacopladores y amplificadores operacionales. Para todos esos dispositivos se presentaron y analizaron aplicaciones básicas.

En este módulo se ampliará más la información relativa a varios de esos dispositivos, se estudiarán nuevas aplicaciones y se presentarán algunos circuitos integrados que por su versatilidad son muy empleados en la industria.

MÓDULO DOS ELECTROTECNIA
U.D. 4 CIRCUITOS ELECTRÓNICOS ANALÓGICOS BÁSICOS Y SUS APLICACIONES. TIPOLOGÍA Y CARACTERÍSTICAS. ANÁLISIS FUNCIONAL

173

OBJETIVOS

En este módulo se estudiarán las características y algunas aplicaciones de los amplificadores de potencia de audio, los amplificadores operacionales de potencia, los multivibradores y circuitos de control de tiempo y se ampliarán los conocimientos sobre las fuentes de alimentación reguladas.

1. AMPLIFICADORES DE POTENCIA DE AUDIO

En el módulo anterior, se mostró un circuito amplificador de potencia en audio, compuesto por dos transistores NPN y un transistor PNP:

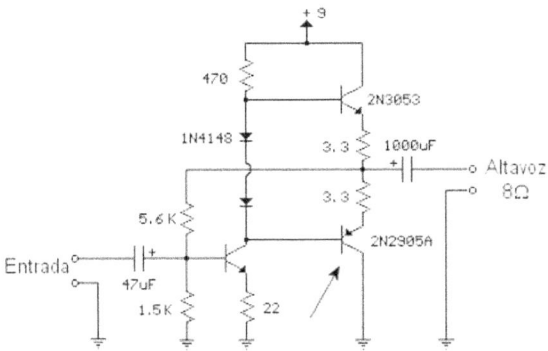

Amplificador de potencia (audio)

La configuración de este amplificador de potencia es lo que se podría llamar una "configuración electrónica clásica", dado que se ha venido utilizando a lo largo de más de 50 años sin ninguna modificación importante. Obviamente, dados nuestros conocimientos, nos resulta imposible acometer el análisis de un circuito de mediana complejidad como el mostrado.

Afortunadamente, dada la versatilidad y simplicidad de utilización de los circuitos integrados, podemos implementar amplificadores de potencia con bastante facilidad, ya que toda la electrónica requerida para un amplificador de este estilo está incluida en un circuito integrado. A continuación presentaremos dos circuitos integrados (de los muchos existentes) amplificadores de potencia existentes en el mercado.

1.1. Amplificador estereofónico de 11W por canal

El circuito integrado LM4752 (National Semiconductor) es un amplificador estereofónico capaz de entregar una potencia de 11W por canal sobre una carga (altavoz) de 4Ω, o de 7W para un altavoz de 8Ω, utilizando una fuente de alimentación simple de 24V (también puede emplear una fuente doble). El diseño de este integrado ha sido hecho específicamente para que requiera muy pocos componentes externos. Todos los componentes de polarización y de ganancia se encuentran dentro del integrado. A nivel externo solo se requieren condensadores de filtraje y acoplamiento (éstos dejan pasar la componente AC del audio y bloquean la CC de polarización).

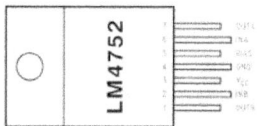

EMPAQUE DEL LM4752

En la ilustración que se presenta a continuación, se muestra el esquema típico de un amplificador de potencia en el que se emplea este circuito integrado. Lo que se encuentra encerrado en el recuadro es el equivalente del integrado:

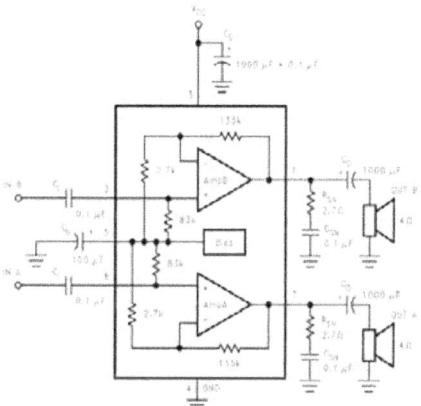

ESQUEMA DE UTILIZACIÓN DEL LM4752

Finalmente, sólo como curiosidad, se presenta el esquema interno de este circuito integrado:

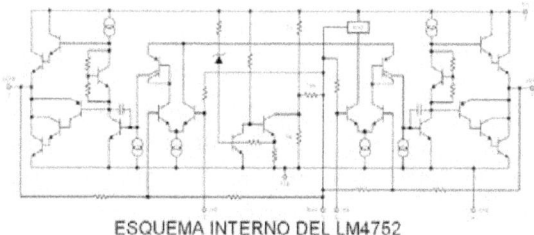

ESQUEMA INTERNO DEL LM4752

1.2. Amplificador estereofónico de 60W por canal

El amplificador estereofónico integrado de potencia LM4780 es capaz de entregar 60W por canal sobre un altavoz de 8W, con una distorsión armónica inferior al 0,5%. Posee protección interna contra el aumento de temperatura, protección contra picos excesivos de potencia. Puede ser también utilizado como amplificador monofónico, pudiendo entregar en esta configuración 120W de potencia.

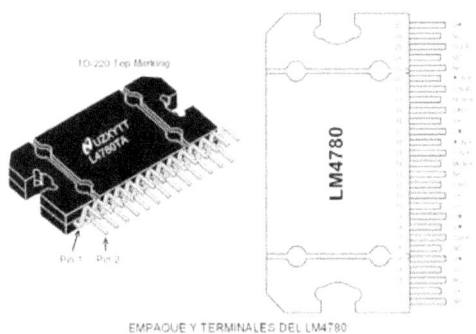

EMPAQUE Y TERMINALES DEL LM4780

Como se observa, este es un circuito integrado bastante voluminoso, dado su elevado nivel de potencia.

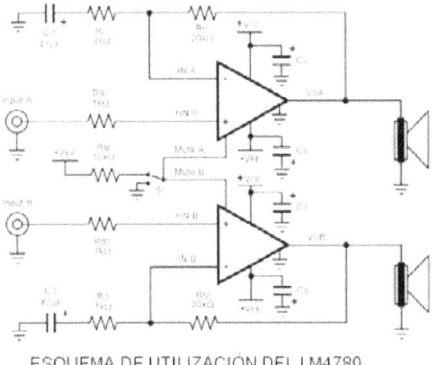

ESQUEMA DE UTILIZACIÓN DEL LM4780

Como conclusión de este apartado, se puede destacar que trabajar con amplificadores de potencia de audio integrados resulta sumamente sencillo dada la simplicidad de utilización de estos circuitos.

1.3. Amplificadores operacionales de potencia

Con anterioridad, cuando se mostraron aplicaciones del amplificador operacional, se comentó que una de las limitaciones de estos dispositivos era la escasa cantidad de corriente de salida que ellos podían entregar. También se presentó un esquema para aumentar la corriente de salida de un operacional utilizando transistores adicionales. Comercialmente existen amplificadores operacionales que ya tienen incluidos estos transistores de potencia. Se utilizan de la misma manera que un operacional convencional, ya que tienen exactamente las mismas propiedades, salvo su capacidad extra de manejo de corriente. Un ejemplo de este tipo de operacional es el L165 fabricado por SGS-THOMSON.

El L165 es un circuito integrado monolítico que se puede emplear en un amplio espectro de aplicaciones del amplificador operacional, posee una ganancia elevada y una resistencia de entrada muy alta y está diseñado para ser utilizado fundamentalmente en aplicaciones amplificadoras en las que se requiera potencia, tales como el manejo de motores y fuentes de alimentación. La corriente de salida de este dispositivo es de 3A en cualquiera de los dos sentidos (entregando o absorbiendo).

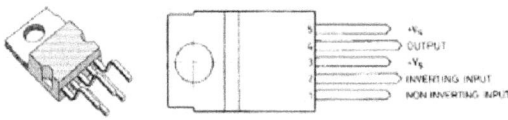

EMPAQUE Y TERMINALES DEL L165

A continuación se muestra un esquema en el que se utiliza este operacional para manejar un motor de corriente continua con ambos sentidos de rotación. El sentido de giro puede estar determinado por dos señales digitales CMOS, ya que la corriente de entrada al operacional es despreciable. Las posibilidades de control del motor son: Freno aplicado, giro a la derecha o giro a la izquierda.

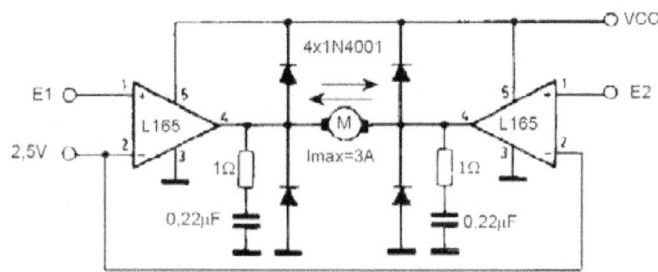

DRIVER DE MOTOR BIDIRECCIONAL

2. MULTIVIBRADORES Y CIRCUITOS DE CONTROL DE TIEMPO

En principio, un multivibrador es un circuito oscilador capaz de generar en su salida una onda cuadrada (dos niveles diferentes de tensión contínua). Según sea su funcionamiento, los multivibradores se pueden dividir en dos clases:

- De funcionamiento contínuo o astable: Genera ondas cuadradas a partir de la propia fuente de alimentación.

- De funcionamiento mediante una señal de disparo: A partir de dicha señal de disparo o de excitación, el multivibrador sale de su estado normal o estado de reposo. Si el circuito posee dos estados de reposo diferentes, se llama multivibrador Biestable o báscula (en inglés, FLIP-FLOP, término sumamente utilizado en el argot técnico en castellano). En caso de que tenga un solo estado de reposo, se llama Monoestable.

Detallemos un poco más estos tres tipos multivibradores:

- **Astable**: Multivibrador que no tiene ningún estado estable, lo que significa que posee dos estados "quasi-estables" entre los que conmuta, permaneciendo en cada uno de ellos un tiempo determinado. La frecuencia de conmutación depende, en general, de la carga y descarga de condensadores. Entre sus múltiples aplicaciones se cuentan la generación de ondas periódicas (generador de reloj) y de trenes de impulsos.

  En su forma más simple, un multivibrador astable está formado por dos transistores interconectados entre sí. Mediante redes de resistencias y condensadores en el circuito, se pueden definir los periodos de inestabilidad y la frecuencia de oscilación del montaje. Como ilustración, se muestra a continuación un astable implementado con transistores:

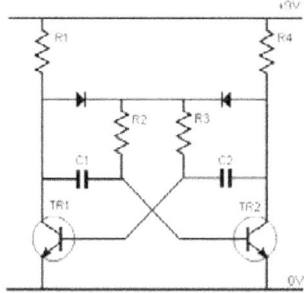

- **Biestable**: Un biestable, también llamado báscula (flip-flop en inglés), es un multivibrador capaz de permanecer en un estado determinado o en el contrario durante un tiempo indefinido. Esta característica es ampliamente utilizada en electrónica digital para memorizar información. El paso de un estado a otro se realiza variando sus entradas. Dependiendo del tipo de dichas entradas los biestables se dividen en:

  - Asíncronos: Sólo tienen entradas de control. El más empleado es el biestable RS.

  - Síncronos: Además de las entradas de control poseen una entrada de sincronismo o de reloj. Si las entradas de control dependen de la de sincronismo se denominan síncronas y en caso contrario, asíncronas. Por lo general, las entradas de control asíncronas prevalecen sobre las síncronas.

    La entrada de sincronismo puede ser activada por nivel (alto o bajo) o por flanco (de subida o de bajada). Dentro de los biestables síncronos activados por nivel están los tipos RS y D, y dentro de los activos por flancos los tipos JK, T y D.

    A nivel de la electrónica digital, existen diferentes familias de circuitos integrados (TTL, CMOS...) que nos permiten utilizar con simplicidad todos estos tipos de biestables.

- **Monoestable**: El monoestable es un circuito multivibrador que realiza una función secuencial consistente en que al recibir una excitación exterior, cambia de estado y se mantiene en él durante un periodo que viene determinado por las resistencias y condensadores empleados. Transcurrido dicho periodo de tiempo, la salida del monoestable vuelve a su estado original. Por tanto, tiene un estado estable (de aquí su nombre) y un estado quasi estable.

  Nuevamente acudiremos a los circuitos integrados para implementar con ellos Monoestables y astables. Un circuito integrado multivibrador muy popular es el 555, que usa un sofisticado diseño interno para lograr una gran precisión, estabilidad y flexibilidad, requiriendo con muy pocos componentes externos para emplearlo. A continuación, se presentarán algunas aplicaciones de este circuito integrado.

2.1. El temporizador integrado LM555

El LM555 de NATIONAL SEMICONDUCTOR es dispositivo muy estable que se utiliza para generar con exactitud retardos de tiempo o generar ondas cuadradas o rectangulares. Adicionalmente, posee entradas por si se desea hacer disparo externo o puestas a cero forzadas. La temporización viene determinada por resistencias y condensadores externos y el circuito es capaz de manejar a su salida 200mA en ambos sentidos.

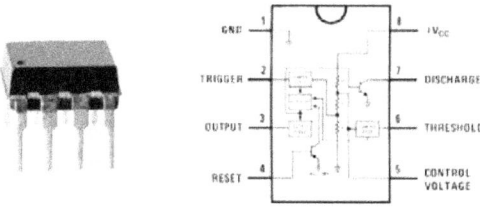

EMPAQUE Y TERMINALES DEL LM555

2.1.1. Aplicaciones del LM555

El LM555 como temporizador Monoestable: En esta configuración la señal externa de disparo del monoestable se debe colocar el terminal TRIGGER. Cada vez que en esta señal ocurre un frente descendente (la señal pasa de nivel alto a nivel bajo), el monoestable pasa al estado inestable. La duración del período de inestabilidad (y la duración del pulso en la salida), cumple con la siguiente relación simple:

$$T = 1,1R \times C$$

La carga RL se puede colocar de dos maneras diferentes (observe el circuito) en función de los requerimientos de la aplicación particular.

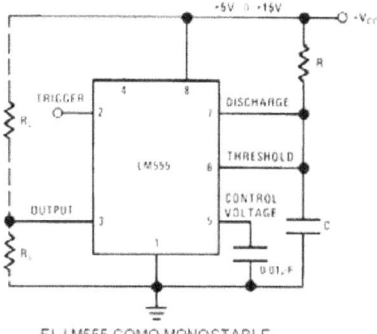

EL LM555 COMO MONOSTABLE

El LM555 como temporizador astable: En esta Configuración no se requiere ninguna señal de entrada.

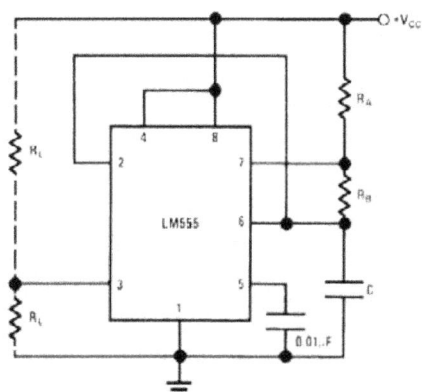

EL LM555 COMO OSCILADOR ASTABLE

A continuación, se muestra la forma de onda en la salida (terminal 3), junto con los tiempos y frecuencia de oscilación del conjunto:

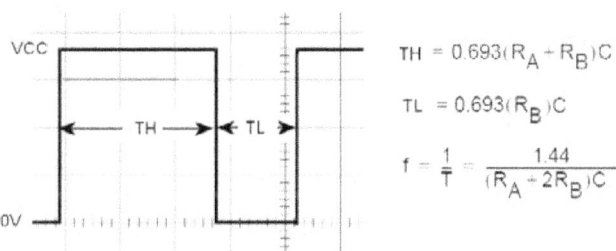

$$TH = 0.693(R_A + R_B)C$$

$$TL = 0.693(R_B)C$$

$$f = \frac{1}{T} = \frac{1.44}{(R_A + 2R_B)C}$$

TIEMPOS Y FRECUENCIA DE OSCILACIÓN

Aparte del Monoestable y el astable, el temporizador LM55 tiene infinidad de aplicaciones adicionales dentro del campo de la generación de pulsos y diferentes formas de onda.

3. FUENTES DE ALIMENTACIÓN REGULADAS

Cuando se estudió el diodo zener, se presentaron algunos esquemas para implementar fuentes de alimentación reguladas, es decir, con voltaje de salida constante. Cualquier fuente de alimentación regulada tiene un conjunto de etapas que la conforma:

1- **Etapa de transformación**: El transformador, aparte de aislar nuestro circuito de la red, reduce el voltaje AC hasta un nivel adecuado para el correcto funcionamiento de la fuente.

2- **Etapa de rectificación**: Bien sea de media onda u onda completa, la etapa rectificadora se encarga de convertir el voltaje AC en el secundario del transformador a un voltaje de CC.

3- **Etapa de filtraje**: Normalmente se trata de un condensador que se dedica a reducir notablemente el voltaje de rizado que se encuentra a la salida del bloque rectificador.

4- **Etapa reguladora**: Esta es la etapa final de la fuente de alimentación y se encarga de mantener la tensión de salida constante.

A continuación se presenta uno de los esquemas que ya se mostró cuando se estudió el zener, indicando sobre él las distintas etapas que forman la fuente de alimentación:

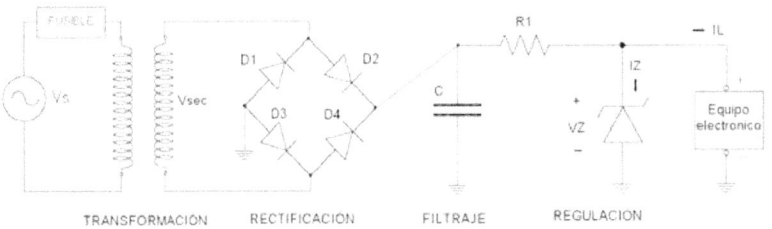

LAS ETAPAS DE UNA FUENTE DE ALIMENTACIÓN REGULADA

La regulación en base a un diodo zener es la solución más elemental posible, no resulta eficaz para aplicaciones en las que se persiga una excelente regulación y que sea inmune a las variaciones de el voltaje de alimentación AC, y a las variaciones de corriente de carga (IL) que pueda tener el equipo a alimentar bajo las diversas condiciones de operación que existan sobre él.

Para obtener una regulación mucho más satisfactoria, existen "soluciones clásicas" en las que la etapa de regulación está formada por un conjunto de transistores. Desde hace ya muchos años se acude a las soluciones que utilizan reguladores de voltaje integrados, disponibles en una amplia gama de voltajes de salida (tanto positivos como negativos). Aparte de disponer de reguladores de voltaje fijos, también se dispone de reguladores de voltaje variables que determinan su voltaje de salida mediante un potenciómetro.

3.1. Reguladores de voltaje integrados

Los reguladores de voltaje integrados son dispositivos de tres terminales (indistinguibles por su apariencia de un transistor de potencia). Entre sus características más relevantes, pueden mencionarse las siguientes:

- Poseen limitación interna sobre su corriente y potencia de salida, es decir que aunque se cortocircuite la salida del dispositivo, éste no se destruirá.

- No requieren ninguna componente externa al circuito integrado.

- La tensión de salida no variará más de 3% si la corriente de carga es inferior a la máxima permitida y la tensión de entrada al regulador se mantiene entre los límites que el fabricante indique.

Para mostrar algunos ejemplos, se presentarán dos reguladores integrados, uno fijo y otro ajustable.

3.1.1. El LM7805, Regulador integrado fijo de 5V 1A

Se trata de un regulador con 5V de salida y una corriente máxima de 1A. La regulación de este dispositivo está asegurada mientras la tensión de entrada sea superior a 7V e inferior a 24V.

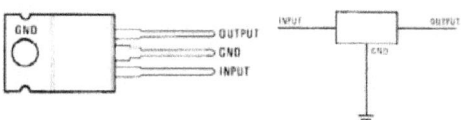

EMPAQUE Y TERMINALES DEL LM7805

La utilización de este dispositivo no puede ser más sencilla, tal como se muestra en este esquema:

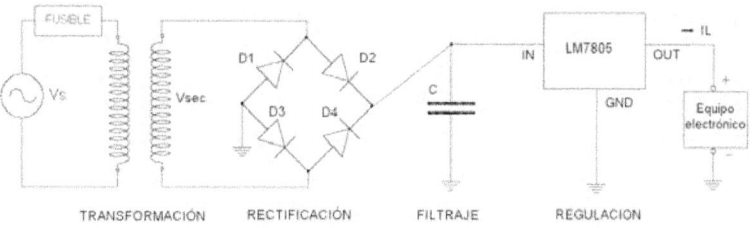

FUENTE DE ALIMENTACIÓN REGULADA DE 5V 1A

A título de curiosidad, se muestra a continuación el esquema interno del LM7805:

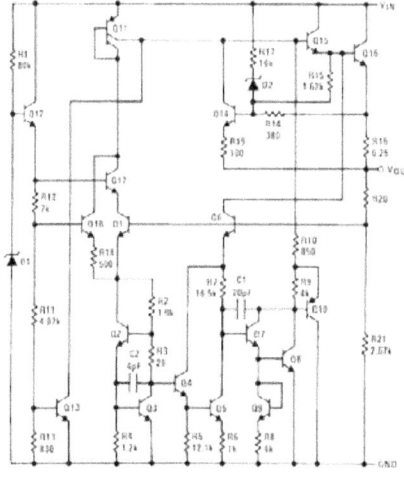

ESQUEMA INTERNO DEL LM7805

3.1.2. El LM338, regulador ajustable de 5A

Se trata de un regulador que puede ser utilizado par entregar un voltaje de salida ajustable entre 1,2V y 32V, con una corriente máxima de 5A constantes y hasta 7A en un pico. Posee protección contra cortocircuitos y protección por aumento de temperatura. Las prestaciones de este regulador integrado permiten diseñar una fuente de alimentación variable que compita con las especificaciones de cualquier fuente de alimentación regulada que exista a nivel comercial.

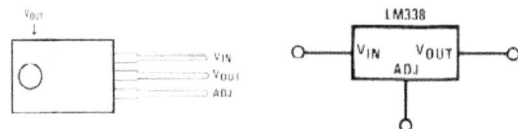

EMPAQUE Y TERMINALES DEL LM338

Para utilizar este circuito integrado, sólo se requieren dos componentes externos: Una resistencia fija y un potenciómetro:

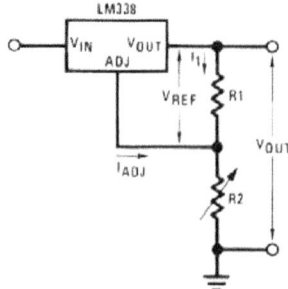

ESQUEMA DE UTILIZACIÓN DEL LM338

El LM338 se caracteriza por mantener una tensión regulada de 1,25V entre los terminales VOUT y ADJ. De esta manera, sobre la resistencia R1 siempre existirán 1,25V (si el voltaje aplicado en la entrada es adecuado para que el circuito integrado opere). Como se observa en el esquema, existe una corriente que sale del terminal ADJ (IADJ). Dicha corriente es normalmente despreciable, ya que el fabricante indica que su valor máximo es de 100μA.

Despreciando IADJ, la corriente en la resistencia R2 será igual a la corriente en R1. R1 se selecciona de manera que I1 sea bastante mayor que IADJ.

Ejemplo: Calcule R1 y R2 para obtener una fuente de alimentación variable entre 1,25V y 12V.

$$I1 = \frac{1,25V}{R1} > 100\mu A \Rightarrow I1 = 10mA \Rightarrow R1 = \frac{1,25V}{10mA} \Rightarrow R1 = 125\Omega$$

El voltaje de salida VOUT es la suma de 1,25V (VR1) más el voltaje que exista en R2. Cuando R2 esté en 0Ω, el voltaje de salida será 1,25V. El valor máximo de VOUT (12V) ocurrirá cuando R2 esté en su valor máximo. Bajo esa condición se cumple:

$$VOUT = 12V = 1,25V + R2max \times 10mA$$

de aquí se desprende que:

$$R2max = \frac{12V - 1,25V}{10mA} = 1080\Omega$$

Una expresión exacta (sin despreciar IADJ) para el voltaje de salida es la siguiente:

$$VOUT = VREF\left(1 + \frac{R2}{R1}\right) + IADJ \times R2$$

En la siguiente ilustración se muestra lo que podría ser el esquema de una fuente de alimentación variable en la que se destaca el LM338:

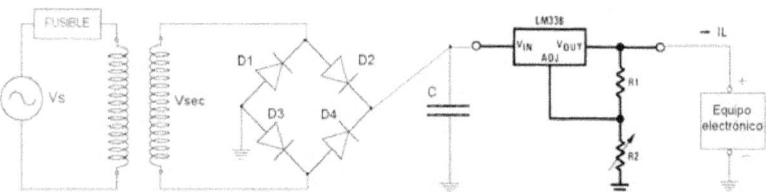

ESQUEMA GENERAL DE UNA FUENTE DE ALIMENTACIÓN REGULADA AJUSTABLE

188

RESUMEN

La implementación de amplificadores de potencia de audio se simplifica enormemente gracias a la existencia de diferentes circuitos integrados diseñados para este propósito específico.

En caso de que se requiera una aplicación en la que sea indispensable que un amplificador operacional maneje elevadas corrientes (y potencias), existen circuitos integrados específicos para esas aplicaciones.

Un multivibrador biestable o flip-flop es capaz de permanecer en un estado determinado o en el contrario durante un tiempo indefinido. Esta característica es ampliamente utilizada en electrónica digital para memorizar información. A nivel de la electrónica digital existen diferentes familias de circuitos integrados (TTL, CMOS...) que nos permiten utilizar con simplicidad los diferentes tipos de biestables.

Un multivibrador astable es un oscilador que no tiene ningún estado estable, lo que significa que posee dos estados "quasi-estables" entre los que conmuta, permaneciendo en cada uno de ellos un tiempo determinado. El temporizador integrado LM555 puede ser utilizado como multivibrador astable.

Un multivibrador monoestable es un circuito que realiza una función secuencial consistente en que al recibir una excitación exterior, cambia de estado y se mantiene en él durante un periodo que viene determinado por las resistencias y condensadores empleados. Transcurrido dicho periodo de tiempo, la salida del monoestable vuelve a su estado original. El temporizador integrado LM555 puede ser utilizado como multivibrador monoestable.

Una fuente de alimentación regulada esta formada por las siguientes 4 etapas:

Etapa de transformación, etapa de rectificación, etapa de filtraje y etapa reguladora.

La implementación de una etapa reguladora se simplifica enormemente gracias a la utilización de circuitos integrados reguladores de voltaje.

MÓDULO DOS ELECTROTENIA

U.D. 5 **SISTEMAS ELÉCTRICOS TRIFÁSICOS**

M 2 / UD 5

ÍNDICE

INTRODUCCIÓN

Toda la distribución y utilización de la energía eléctrica es trifásica. Solamente en nuestras casas tenemos siempre monofásica. Entender claramente los sistemas trifásicos y su funcionamiento es básico para cualquier técnico, no sólo por el desarrollo de su trabajo sino también por su s eguridad personal.

La intuición simple de la distribución monofásica, en la que la corriente va por un hilo y vuelve por el otro, no sirve en trifásica. La circulación de corriente, el reparto de carga, el cálculo de potencias, el campo giratorio y muchos otros fenómenos pertenecen directamente al mundo de los sistemas trifásicos.

OBJETIVOS

- Entender claramente la generación de la tensión y corriente trifásicas para poder entender su aplicación.

- Conocer y distinguir los valores de línea y fase en la máquina generadora y en la distribución para poder distinguirlos siempre en la utilización.

- Conocer la conexión de motores trifásicos de inducción.

1. GENERADOR

1.1. El generador elemental de ca monofásica

Si hacemos girar una espira conductora dentro de un campo magnético uniforme, con velocidad angular constante, de modo que el eje de giro sea perpendicular al campo, se induce en la espira una f.e.m., que toma un conjunto de valores que dependen del valor del seno del ángulo de rotación.

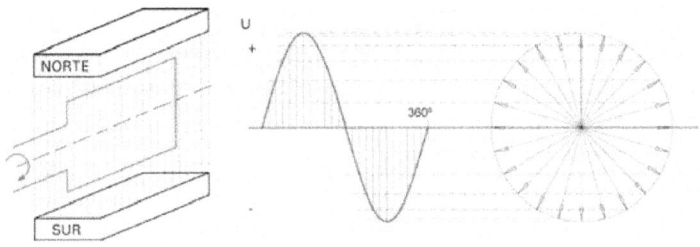

1.2. El generador elemental de ca trifásica

Es aquél que está formado por tres f.e.m. alternas senoidales monofásicas inducidas, de igual valor eficaz e igual frecuencia, desfasadas entre sí 120º eléctricos.

A cada una de las tensiones producidas por un generador trifásico se les denomina "fases" (porque están desfasadas unas respecto a las otras 120º) y se les designa ordinariamente con las letras «R», «S» y «T».

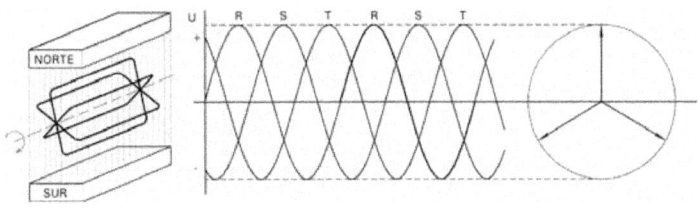

1.3. Conexiones de los tres arrollamientos

Puesto que tenemos 3 arrollamientos y 6 bornes, podemos realizar dos tipos de conexiones:

- **En triángulo**: uniendo el final de un devanado con el principio del otro y usando estos puntos como bornes de salida de la máquina. Las figuras corresponden a un alternador, un transformador (secundario) y su representación vectorial.

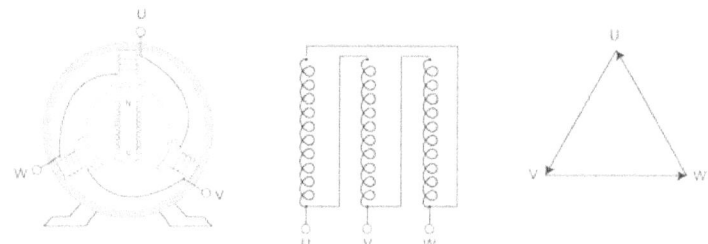

- **En estrella**: uniendo los extremos homólogos de todos los devanados y dejando libre, como borne, el otro extremo. Las figuras corresponden a un alternador, un transformador (secundario) y su representación vectorial.

2. GENERADOR TRIFÁSICO - LÍNEA TRIFÁSICA

2.1. Conexión generador – Línea en triángulo

Partimos de las bobinas de fase del generador, que generan una tensión U_F y por las que circulará, si se cierra circuito, una corriente I_F.

Hay 3 bornes de salida; hay 3 hilos de línea. Unimos generador y línea.

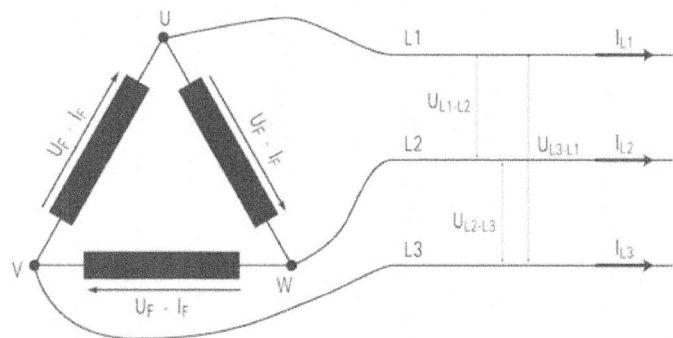

Relación entre valores de fase y línea.

1) Evidentemente, la tensión de línea, U_L, es igual a la tensión de fase, U_F, puesto que entre cada dos hilos hay una bobina de fase.

2) La relación entre valores de fase (generador) y de línea es $\sqrt{3}$ (ver apartado 2.3).

$$\boxed{\begin{aligned} U_L &= U_F \\ I_L &= I_F \cdot \sqrt{3} \end{aligned}}$$

2.2. Conexión generador – Línea en estrella

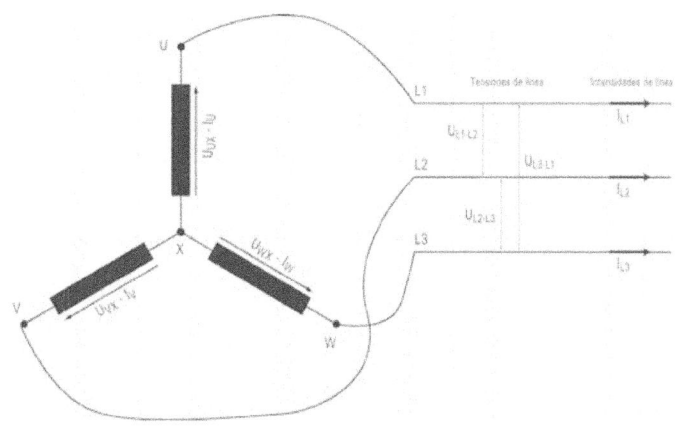

1) Evidentemente, la corriente de línea es la misma que la de la bobinas de fase, puesto que no hay ninguna otra conexión entre bobina y línea.

2) Las tensiones de línea son la suma vectorial de las de las fases de la máquina generadora (ver apartado 2.3).

$$I_L = I_F$$
$$U_L = U_F \cdot \sqrt{3}$$

En la conexión estrella, aparece un 4º borne libre, X en la figura anterior, que es equidistante de los de las fases. Es el borne del conductor de neutro, N.

En el apartado de distribución se amplía su utilización.

2.3. Cálculo de la razón estrella-triángulo

La razón $\sqrt{3}$ entre los vectores de una conexión estrella y triángulo se puede calcular por el teorema de coseno, aplicándolo, por ejemplo, en el triángulo sombreado.

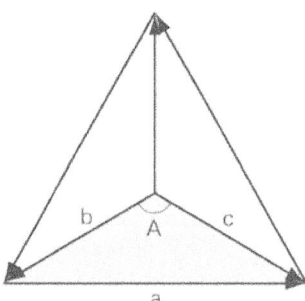

Enunciado del teorema del coseno:

$$a^2 = b^2 + c^2 - 2.b.c.\cos A$$

pero,

$\hat{a} = 120º \cos \hat{a} = ´1/2$

$b = c$

por tanto:

$$a^2 = b^2 + b^2 - 2.b.b.\left(-\frac{1}{2}\right) = 2b^2 - 2b^2\left(-\frac{1}{2}\right) = 2b^2 + b^2 = 3b^2$$

$$\sqrt{a^2} = \sqrt{3b^2}$$

$$a = b\sqrt{3}$$

es decir, la razón del vector del triángulo respecto al vector de la estrella es $\sqrt{3}$.

Aplicando esta relación a la conexión estrella, se tiene:

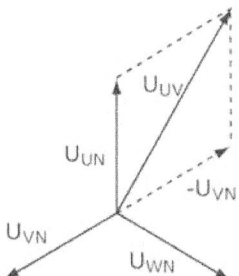

3. LÍNEA: DISTRIBUCIÓN. TENSIONES

3.1. Distribución desde sistema triángulo

El sistema se usa en transporte (MT), pero muy poco en distribución y utilización BT.

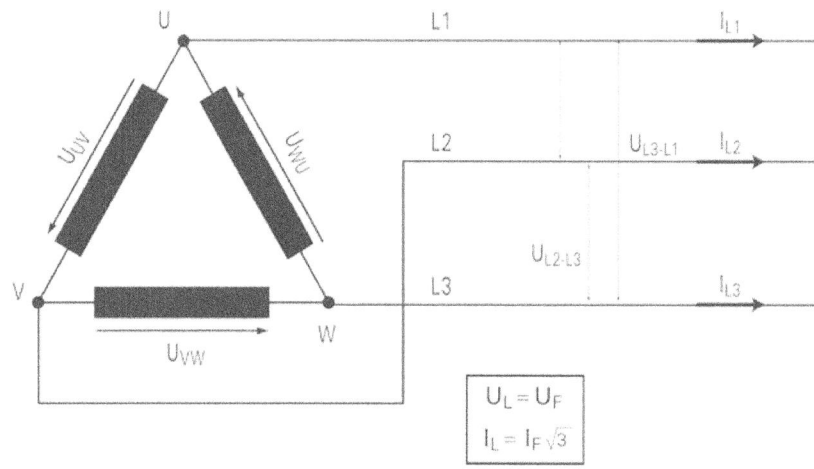

3.2. Distribución desde sistema estrella

El sistema en estrella es el sistema normal de distribución y utilización en BT.

En él se tiene este conjunto de valores:

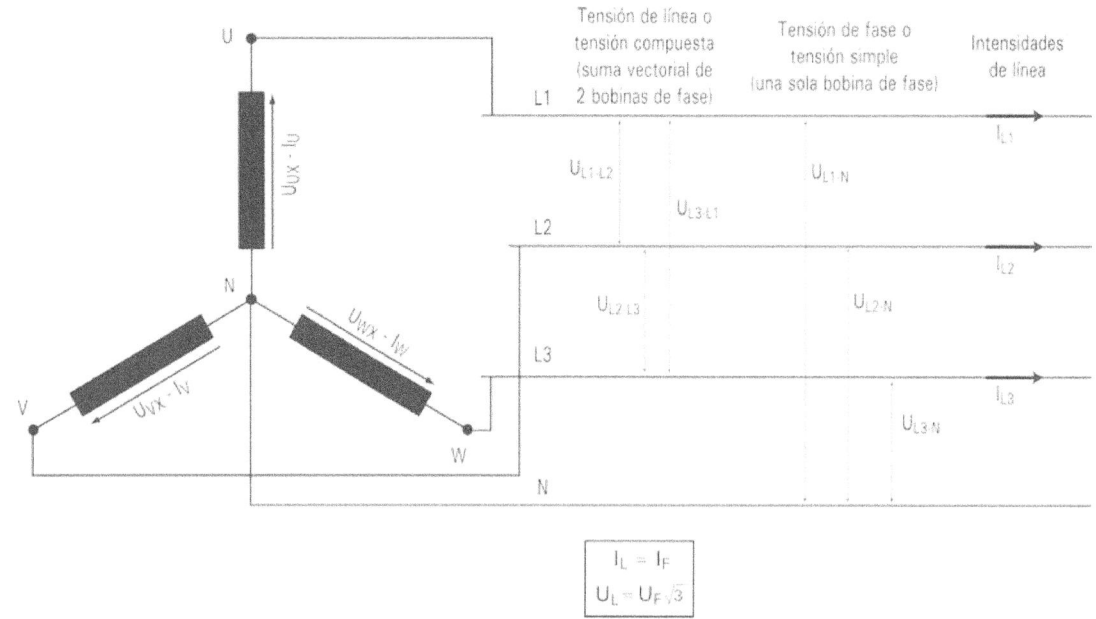

3.3. Tensiones en BT

El REBT y diversos Reales Decretos, establecen las siguientes tensiones:

*   Tensiones usuales:

    230 V entre fases con red trifásica de 3 conductores

    230 V entre fase y neutro y 400 V entre fases, con red trifásica de 4 conductores.

    Tolerancia en tensión: ± 7% (RD 1955/2000. Art. 104-3).

    Frecuencia: 50 Hz, ± 0,3% (RD 1995/2000 remite a UNE 50 160).

Así tenemos:

*   Distribución a 230/400 V.

*   Distribución a 127/230 V; este valor tiende a desaparecer, pero aún quedan amplias zonas con estas tensiones de distribución.

4. UTILIZACIÓN. CARGAS TRIFÁSICAS. CONEXIÓN DE RECEPTORES

4.1. Carga trifásica equilibrada y desequilibrada

Se denomina sistema trifásico equilibrado o carga trifásica equilibrada la que absorbe la misma intensidad de corriente de cada una de las fases.

Por ejemplo: motores trifásicos.

Se denomina sistema trifásico desequilibrado o carga trifásica desequilibrada la que absorbe corrientes de fase no iguales; por tanto, en estrella, el neutro conduce la diferencia (vectorial). Es el caso, típicamente, de los sistemas de alumbrado y otros receptores monofásicos.

4.2. Potencia en los sistemas trifásicos

En los sistemas trifásicos, se tiene:

- Potencia activa,

$$P = \sqrt{3}\,U.I.\cos\varphi$$

Además, la potencia activa de un sistema trifásico es igual a la suma aritmética de las potencias activas de las tres fases.

- Potencia reactiva,

$$Q = \sqrt{3}\,U.I.\operatorname{sen}\varphi$$

Además, la potencia reactiva total es igual a la suma algebraica de las potencias reactivas de las tres fases.

- Potencia aparente,

$$S = \sqrt{3}\,U.I$$

4.3. Receptores trifásicos

La conexión de receptores en estrella o en triángulo tiene un aspecto muy diferente respecto a la conexión de generadores (alternadores y transformadores de distribución).

En generación y distribución, según cómo se conecten las bobinas de la máquina generadora, se suministra una u otra tensión, se tiene un sistema a 3 ó a 4 hilos y los receptores se adaptan a esa tensión.

Pero, en recepción, el receptor a conectar está hecho para trabajar a una determinada tensión. Si un receptor se alimenta a más tensión, se quema; si se alimenta a menos tensión, trabaja mal y también puede quemarse.

Por tanto, vamos a estudiar la conexión de receptores en estrella o en triángulo de receptores considerando que el receptor está adecuadamente alimentado y adaptado a la red de distribución.

Los receptores trifásicos son los que se alimentan de una red trifásica, por ejemplo, motores o transformadores trifásicos.

Estudiemos su alimentación respecto a la línea y tensiones trifásicas.

Estas máquinas, tienen 3 bobinas, iguales, que pueden conectarse en estrella o en triángulo.

Para trabajar correctamente, tienen que ser alimentadas de manera que sus devanados trabajen con una tensión UF o, dicho más gráficamente, U_{bobina}.

MOTOR		RED	
Datos placa	U_{bobina}	230/400 V	127/230 V
230/400 V	230 V	(estrella, 230 V)	(triángulo)
127/220 V	127 V	No posible (se quema)	(estrella, 127 V)

4.3.1. Caso 1

Conexión de una carga en estrella o en triángulo para adaptarse a distintas redes (230/400 V o 127/220 V).

Es el caso normal de la mayoría de cargas trifásicas: hay que escoger su conexión interna (en estrella o triángulo) para conectarlos adecuadamente a la red de que se dispone.

Motor de 11 kW, 230/400 V, cos : 0,8.

Con red 230/400 V, conexión estrella.

Los valores U e I de la potencia, son valores de línea.

$$P = \sqrt{3} \cdot U \cdot I \cdot \cos\varphi$$

Cálculo de la corriente de línea:

$$I = \frac{P}{\sqrt{3}.U.\cos\varphi} = \frac{11000}{\sqrt{3}.400.0,8} = 19,8\ A$$

evidentemente:

$$P = \sqrt{3}.U.I.\cos\varphi$$

$$11000 = \sqrt{3}.400\,V.19,8\,A.0,8$$

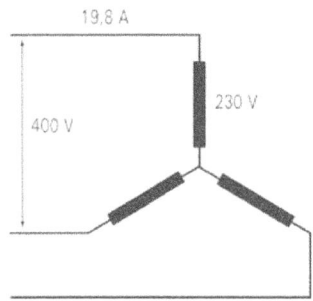

En cada bobina de fase del motor:

$U_{fase} = 230\,V$

$I_{fase} = 19,8\,A$

Con red 127/230 V, conexión triángulo

Los valores U e I de la potencia, son valores de línea.

$$P = \sqrt{3}.U.I.\cos\varphi$$

Cálculo de la corriente de línea:

$$I = \frac{P}{\sqrt{3}.U.\cos\varphi} = \frac{11000}{\sqrt{3}.230.0,8} = 34,5\,A$$

evidentemente:

$$P = \sqrt{3}.U.I.\cos\varphi$$

$$11000 = \sqrt{3}.230\,V.34,5\,A.0,8$$

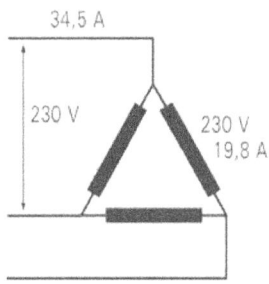

En cada bobina de fase del motor:

$U_{fase} = 230\,V$

$I_{fase} = \dfrac{34,5\,A}{\sqrt{3}} = 19,9\,A$

Conclusión: en ambos casos, la máquina da la misma potencia y en las bobinas de fase se tiene la misma tensión, corriente y potencia.

4.3.2. Caso 2

Conexión en estrella o en triángulo con una misma red.

Cambio de conexión para que un receptor (motor, por ejemplo) desarrolle dos potencias diferentes (precauciones como problema real: en ningún caso, debe sobretensionarse el receptor; debe preverse, mecánica y eléctricamente, la situación de menor tensión y potencia).

Motor de 11 kW, 400/660 V, cos : 0,8.

* Con red 230/400 y conexión triángulo,

$P = \sqrt{3} \cdot U \cdot I \cdot \cos\varphi$

$I = \dfrac{P}{\sqrt{3} \cdot U \cdot \cos\varphi} = \dfrac{11000}{\sqrt{3} \cdot 400 \cdot 0,8} = 19,84\,A$

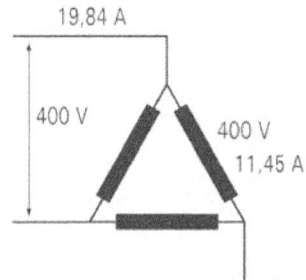

Funcionamiento normal en tensión, corriente y potencia tanto la máquina como cada fase.

* Con red 230/400 V y conexión estrella.

En estrella, la máquina debería conectarse a una red de 660 V, pero, al conectarla a sólo 400 V, la máquina está subtensionada.

Por tanto, vamos a calcular la potencia que suministra al hacerla trabajar con una red de 400 V:

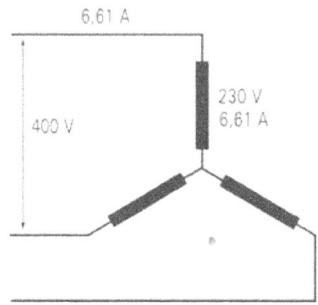

$$P = \sqrt{3}.U.\frac{I}{\sqrt{3}\ \sqrt{3}}.\cos\varphi$$

La tensión de línea es la misma, 400 V; pero la corriente de línea se divide por $\sqrt{3}$ por el cambio de conexión a estrella y otra 2ª vez porque la bobina queda subtensionada.

Por tanto, aplicando valores:

$$P_{estrella} = \sqrt{3}.U.\frac{I}{\sqrt{3}\ \sqrt{3}}.\cos\varphi = \sqrt{3} \times 400 \times \frac{19,84}{\sqrt{3}\ \sqrt{3}} \times 0,8 = 3665,5\ W$$

$$P_{estrella} = \frac{P_{triángulo}}{3}$$

$$3,66\ kW \approx \frac{11\ kW}{3}$$

4.4. Otras consideraciones

4.4.1. Secuencia de fases

En la conexión de receptores trifásicos a redes trifásicas, normalmente debe tenerse presente la secuencia de fases. Esto es crítico en motores porque provoca una inversión del sentido de giro. También puede ser crítico en algunos tipos de rectificadores.

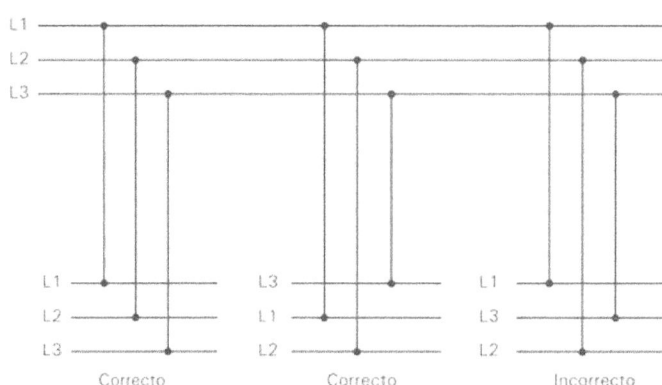

4.4.2. Fallo de neutro

En los sistemas estrella con neutro distribuido y con receptores monofásicos, el fallo de neutro puede originar graves problemas.

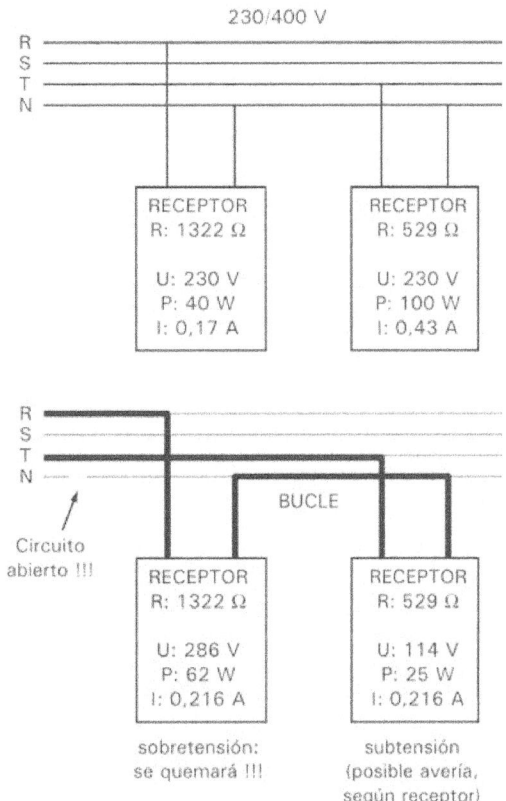

4.4.3. Alimentación a 230 V desde una red 127/230 V

En las poblaciones o zonas en las que la red es todavía de 127/220 V, es frecuente que la distribución a 2 hilos, para los particulares, se haga entre fases; de esta forma los aparatos pueden ser de 230 V, porque muchos ya no existen a 127 V.

Por seguridad, esta situación debe conocerse y ser tenida en cuenta.

RESUMEN

- Los generadores trifásicos producen tres tensiones alternas senoidales de igual amplitud, desfasadas 120º.

- Si se conectan los 6 hilos de las bobinas en triángulo a una línea trifásica se tiene un sistema en el que:

$$\begin{array}{|l|} \hline U_L = U_F \\ I_L = I_F \cdot \sqrt{3} \\ \hline \end{array}$$

- Si se conectan los 6 hilos de las bobinas en estrella a una línea trifásica se tiene un sistema en el que:

$$\begin{array}{|l|} \hline I_L = I_F \\ U_L = U_F \cdot \sqrt{3} \\ \hline \end{array}$$

- La distribución en estrella permite utilizar un conductor neutro.

- Las cargas trifásicas pueden ser equilibradas (misma tensión en cada fase) o desequilibradas.

- Los receptores trifásicos pueden conectarse en estrella o en triángulo para adaptarse a las tensiones de la red en la que trabajan.

- En los motores, el cambio de secuencia de fases produce la inversión de sentido de giro.

MÓDULO DOS ELECTROTECNIA

U.D. 6 MÁQUINAS ELÉCTRICAS ESTÁTICAS

M 2 / UD 6

ÍNDICE

INTRODUCCIÓN

Las máquinas eléctricas principales como las que aquí se describen son fundamentales en cualquier área profesional de la electrotecnia.

De hecho, motores y transformadores están muy presentes en nuestra vida cotidiana. Los transformadores alimentan, desde el centro de transformación del barrio, a todos los vecinos, pero también hay transformadores en el televisor, el video, el ordenador... Los motores que desde el punto de vista doméstico nos pueden parecer lejanos, están en la lavadora, en el ascensor o en el disco duro de un ordenador.

Profesionalmente, uno de los componentes más importantes de los sistemas de aire acondicionado son los motores que impulsan compresores o columnas de aire. Se podría decir que, sin motores habría estufas, pero no aire acondicionado.

OBJETIVOS

- Conocer la clasificación de las máquinas eléctricas principales.

- Conocer el motor de inducción de corriente alterna trifásica y su principio de funcionamiento: el campo giratorio.

- Conocer el transformador, sus variantes principales y sus aplicaciones.

1. CLASIFICACIÓN DE LAS MÁQUINAS ELÉCTRICAS: GENERADORES, TRANSFORMADORES Y MOTORES

1.1. Noción de máquina

Todo aquel elemento, o conjunto de elementos, capaz de convertir un efecto de una determinada naturaleza física o química, en otro efecto distinto, o de facilitar el esfuerzo para realizarlo.

Por ejemplo: el motor del coche (convierte energía química en mecánica); la polea (facilita el trabajo de elevar una carga).

1.2. Noción de máquina eléctrica

Son máquinas eléctricas aquellas en las que la energía de entrada o la de salida, o ambas, tienen la forma de energía eléctrica.

Por ejemplo:

- Dinamo de bicicleta: energía mecánica – energía eléctrica.

- Motor eléctrico de una lavadora: energía eléctrica – energía mecánica.

- Cargador del móvil: energía eléctrica – energía eléctrica.

1.3. Clasificación de las máquinas eléctricas

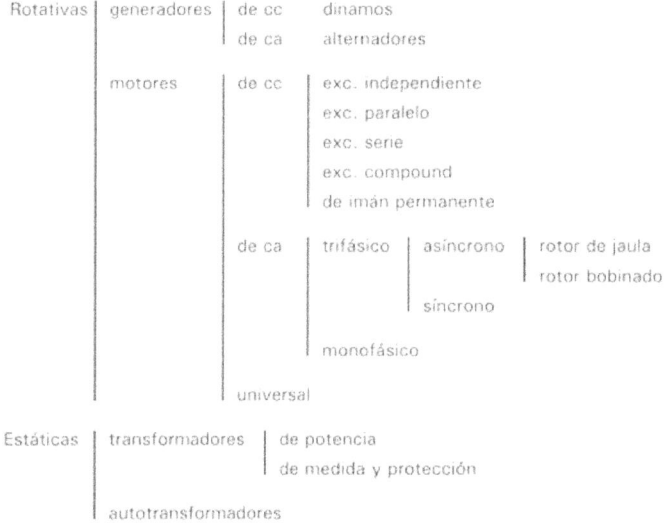

2. MÁQUINAS ELÉCTRICAS DE CORRIENTE CONTINUA: GENERADORES Y MOTORES. FUNCIONAMIENTO. APLICACIONES

2.1 Noción y clasificación de las máquinas rotativas de cc

Las máquinas rotativas de corriente continua o producen cc (generadores de cc, llamados dinamos) o se alimentan de cc (motores de cc).

2.2 Partes

Las máquinas de cc se componen de:

- Inductor o estator: es un elemento de circuito magnético inmóvil sobre el que se bobina un devanado para producir un campo magnético.

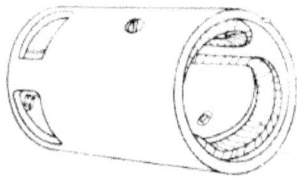

- Inducido o rotor: es un cilindro de chapas magnéticas aisladas entre sí y perpendiculares al eje del cilindro, con unas ranuras paralelas al eje del motor, en las que se alojan las bobinas correspondientes. El inducido es móvil en torno a su eje y queda separado del inductor por un entrehierro.

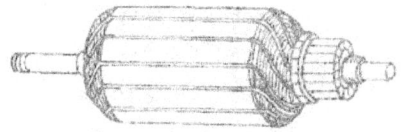

- Conjunto colector (colector de delgas y escobillas): es un sistema de conmutación de la corriente de salida/entrada del rotor.

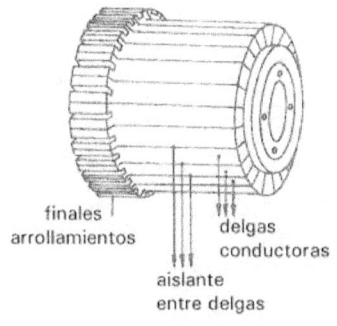

finales
arrollamientos

delgas
conductoras

aislante
entre delgas

La máquina de cc es una máquina reversible, es decir, puede funcionar como generador (dinamo) o como motor. Constructivamente no son idénticas: hay diferencias constructivas que optimizan cada máquina, pero su principio físico les permite ser reversibles.

2.3 Fundamentos

Tal como se ha explicado en el tema de Electrotecnia General, el "efecto generador y el "efecto motor" se aplican directamente apartados.

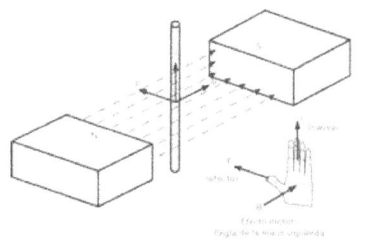 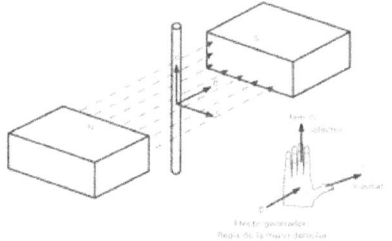

EFECTO MOTOR:
causa: inducción + interacción de campos
efecto: movimiento (motor)

EFECTO GENERADOR:
causa: fuerza y desplazamiento por causa exterior
efecto: inducción en conductor (generador)

2.4 Tipos de dinamos

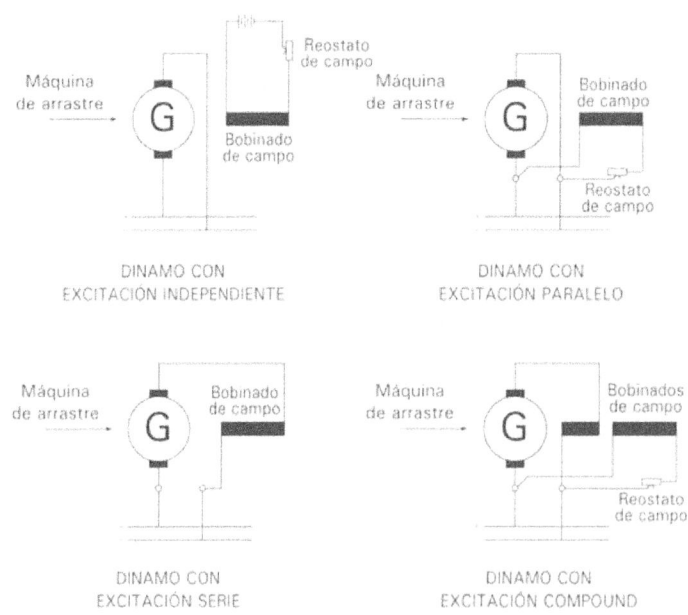

DINAMO CON
EXCITACIÓN INDEPENDIENTE

DINAMO CON
EXCITACIÓN PARALELO

DINAMO CON
EXCITACIÓN SERIE

DINAMO CON
EXCITACIÓN COMPOUND

La elección del tipo de dinamo depende de la variación de tensión con las variaciones de carga y de los problemas de cambio de velocidad.

Las dinamos paralelo suelen usarse para alimentaciones con baterías en paralelo.

Las dinamos serie se emplean poco.

Las dinamos compound se utilizan para alimentaciones que no tienen acumuladores en paralelo.

En las dinamos, como conjunto, se cumple la ecuación:

$$Ub = fem - cdt(i)$$

2.5 Tipos de motores. Características

Esencialmente, los motores de cc son iguales que las dinamos, pero en ellos se suministra energía eléctrica y se obtiene energía mecánica.

Los esquemas, por tanto, son los siguientes:

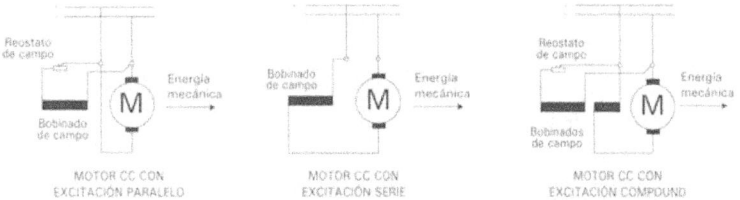

Los motores paralelo tiene la ventaja de tener un buen campo de regulación velocidad-par, manteniendo aceptablemente constante su velocidad. Se utiliza, por ejemplo, en ventiladores, bombas, máquinas-herramienta...

Los motores serie tienen un gran par de arranque, pero su gran desventaja es la variación de velocidad con la carga, lo que además lleva al peligro de embalamiento si se mantiene la alimentación sin carga mecánica. Su campo de aplicación típico es la tracción eléctrica. Hay que recordar que el motor serie es el motor universal, es decir, que puede funcionar también en ca; éste motor se usa mucho en pequeñas máquinas y electrodomésticos.

El motor compound reúne las ventajas e inconvenientes de ambos motores y su diseño y uso dependen de lo que se pretenda en cada caso.

Los motores de cc han tenido una gran importancia en la historia de la tecnología desde su aparición hasta las últimas décadas del siglo XX, especialmente por la posibilidad que ofrecen de variar su velocidad y, en general, de su regulación. Actualmente, van siendo sustituidos por los motores asíncronos regulados mediante variadores de velocidad.

2.6. Ejemplo de cálculo de potencias y corrientes

Un motor de 15 kW, trabaja a 230 V de cc. Su resistencia interna es de 0,5 ohm.

Potencias

$$I = \frac{P}{U} = \frac{15000 \text{ W}}{230 \text{ V}} = 65,2 \text{ A}$$

$$P_{perdida} = I^2 \cdot ri = (65,2 \text{ A})^2 \times 0,5 \ \Omega = 2127 \text{ W}$$

$$P_{en \ el \ eje} = P_{entrada} - P_{perdida} = 15000 - 2127 = 12873 \text{ W}$$

Tensiones :

$$Ub = fcem - cdt(i)$$

$$230V = fcem - (65,2 \text{ A} \times 0,5 \ \Omega)$$

$$fcem = 230 \text{ V} - 32,6 \text{ V} = 197,4 \text{ V}$$

3. MÁQUINAS ELÉCTRICAS ROTATIVAS DE CORRIENTE ALTERNA: GENERADORES Y MOTORES. FUNCIONAMIENTO. APLICACIONES. ENSAYOS BÁSICOS

Este estudio se desarrolla en dos partes importantes:

* El estudio de la máquina reversible de ca: alternador-motor síncrono.

* El estudio del motor de inducción trifásico.

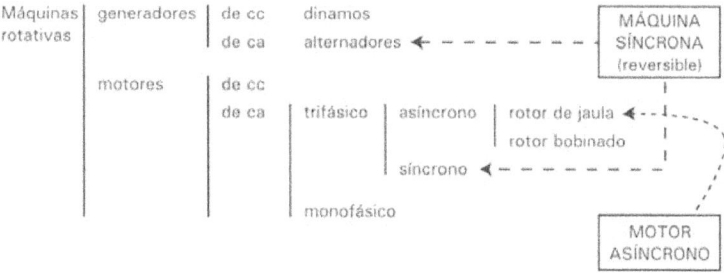

3.1 La máquina síncrona

Se denomina máquina síncrona a la que gira a velocidad constante que depende de la frecuencia de la red.

La máquina síncrona es una máquina reversible. Si se alimenta con energía eléctrica, actúa como motor y si su eje es arrastrado mediante una energía mecánica, genera energía eléctrica.

La máquina síncrona consta, esencialmente, de dos arrollamientos: uno trifásico y otro alimentado con cc.

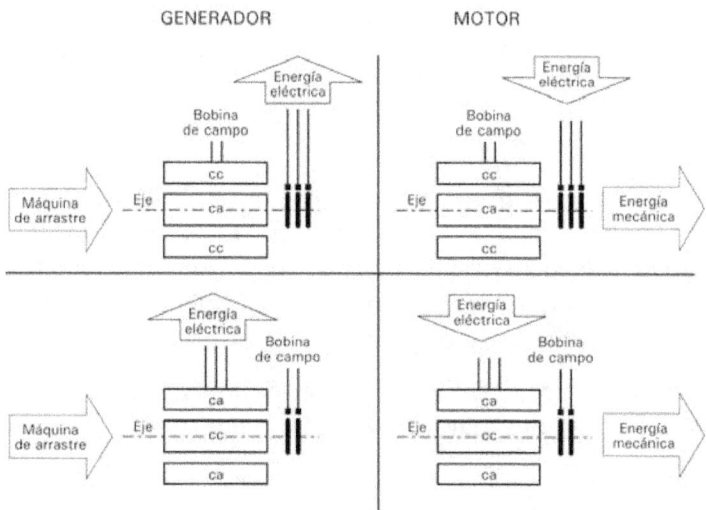

3.2 Alternador trifásico

El alternador trifásico es la máquina con la que se produce la ca que todos utilizamos.

Se puede construir con el rotor-inducido, pero, en este caso, las bobinas de potencia, muy pesadas, se ven sometidas a una dinámica de rotación excesiva y, además, la salida del motor se ha de hacer a través de anillos rozantes, lo que también es un inconveniente, dadas las tensiones y corrientes que hay que transportar.

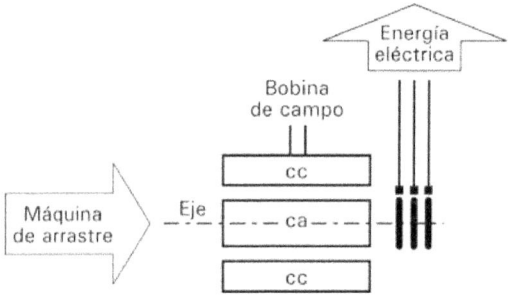

Por ello, prácticamente todos los alternadores tienen el inducido en el estator. Con esta disposición y mediante un disco de diodos que gira solidario con el eje, se construyen los alternadores sin escobillas, es decir, alternadores sin anillos rozantes ni colectores de ningún tipo.

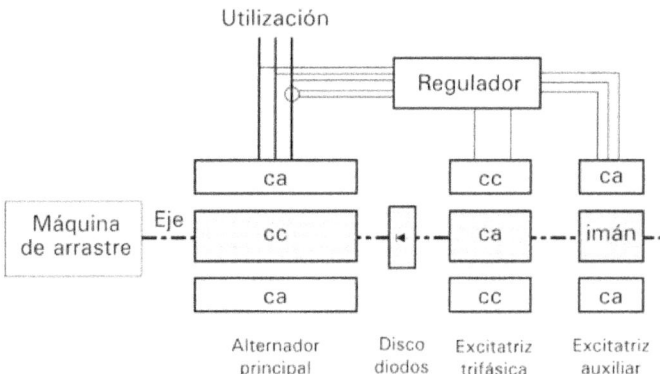

Un generador debe de proporcionar una tensión de frecuencia constante (la tolerancia de frecuencia de la red industrial es de sólo el 0,3%). Por eso la máquina eléctrica es síncrona, y por eso también la máquina motriz ha de ser isócrona, es decir, mantener las revoluciones constantes, independientemente de la carga.

Por último, y simplificando, para usar estos alternadores, por ejemplo, de grupos electrógenos, hay que recordar que:

- La frecuencia (Hz) de la tensión de salida se ajusta regulando la velocidad angular (rpm) de la máquina de arrastre (por ejemplo, motor diesel).

- La tensión de salida se ajusta sobre un mando eléctrico del regulador del alternador.

- La potencia activa de salida del generador síncrono depende de la potencia de la máquina de arrastre,

- La potencia reactiva que suministra el generador depende de la corriente de excitación.

3.3. El motor de inducción trifásico de rotor en cortocircuito o de jaula de ardilla

3.3.1. Composición

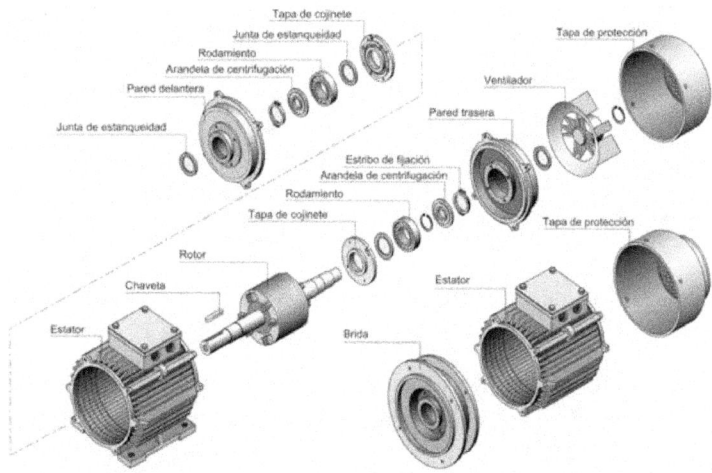

Eléctricamente, interesan especialmente:

- El estator inductor, compuesto de 3 bobinados defasados 120º

- El rotor inducido, en cortocircuito.

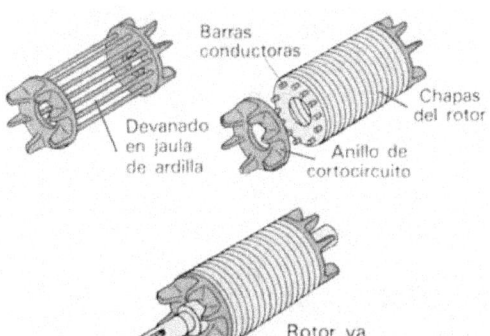

3.3.2. Principio de funcionamiento

En estos motores, su estator crea un campo giratorio, es decir, un campo que va dando la vuelta.

Este campo induce en el rotor, en cortocircuito, unas corrientes.

Por tanto, sobre los conductores del rotor recorridos por estas corrientes (por el efecto motor) aparece una fuerza lateral que tiende a desplazarlos, es decir, a girar.

3.3.3. El campo giratorio

La corriente trifásica, al circular por los devanados del estator, crea en cada bobina un campo que, sucesivamente, aumenta, disminuye, cambia de sentido, aumenta y vuelve a disminuir; y esto sucede primero en una bobina y luego en la de al lado y así sucesivamente.

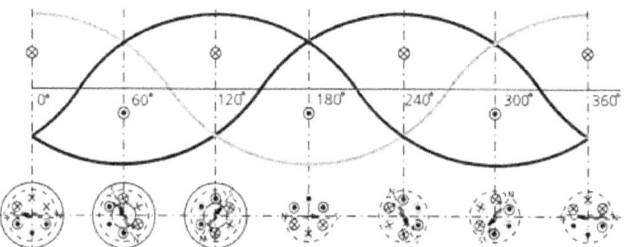

Por tanto, se produce un campo, suma de los tres, que va girando, puesto que el máximo positivo va pasando de una bobina a la otra.

Ésta es la principal característica de la corriente trifásica que alimenta el estator de tres bobinas desfasadas 120º: crear el campo magnético giratorio.

Por tanto, el rotor queda sometido a un campo variable (en valor y por desplazamiento) por lo que en él se induce una corriente que, a su vez, crea un campo que interacciona con el del estator, obteniéndose el movimiento giratorio del rotor.

3.3.4. Velocidad del campo

La velocidad de giro de este campo es una función de la frecuencia de la red y del número de pares de polos.

$$Ns = \frac{60 \cdot f}{p}$$

en donde:

Ns: velocidad angular en rpm

f: frecuencia en Hz

p: nº de pares de polos

60: factor de conversión de segundos a minutos

Los pares de polos son cada grupo completo de polos del inductor. Si un motor tiene un juego o par de polos, para cada vuelta eléctrica del campo magnético dará 1 vuelta geométrica. Pero si tiene 2 pares de polos, para cada vuelta eléctrica (360º eléctricos), dará sólo media vuelta geométrica.

Por tanto, podemos hacer la siguiente tabla

$$Ns = \frac{60 \cdot f}{p} = \frac{60 \times 50}{1} = \frac{3000}{1} = 3000 \text{ rpm}$$

$$Ns = \frac{60 \cdot f}{p} = \frac{60 \times 50}{2} = \frac{3000}{2} = 1500 \text{ rpm}$$

$$Ns = \frac{60 \cdot f}{p} = \frac{60 \times 50}{3} = \frac{3000}{3} = 1000 \text{ rpm}$$

$$Ns = \frac{60 \cdot f}{p} = \frac{60 \times 50}{4} = \frac{3000}{4} = 750 \text{ rpm}$$

3.3.5. Deslizamiento

Puesto que la corriente del rotor siempre ha de ser inducida, hace falta que la velocidad de giro del campo (Ns) y la del rotor no sean iguales.

Se entiende por deslizamiento la diferencia de velocidad del campo y del rotor. Su valor suele expresarse en %, según la expresión:

$$g = \frac{Ns - N}{Ns} \cdot 100$$

en donde:

      g: deslizamiento en %

      Ns: velocidad de sincronismo

      N: velocidad del rotor

3.3.6. Otros detalles

El sentido de giro de un motor se define mirándolo por su eje.

La potencia nominal de un motor, que es la que indica la placa, es, según el REBT, su potencia en el eje motor.

$$P = \sqrt{3}\ U.I.\cos\varphi.\eta$$

en donde:

   P: potencia en W

   U e I: valores de línea

   η : rendimiento

Las curvas de funcionamiento expresan la variación de las diversas magnitudes durante el funcionamiento del motor. Éstas son las principales.

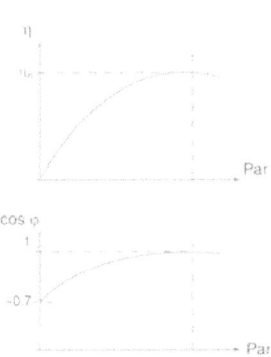

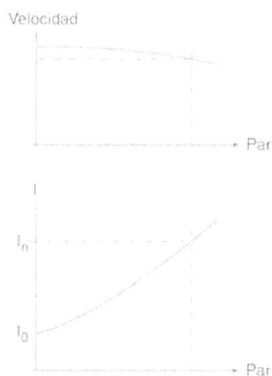

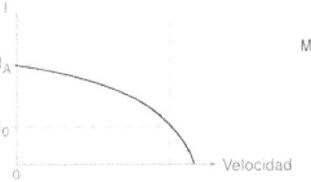

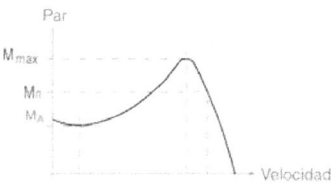

4. EL TRANSFORMADOR

4.1. Noción

El transformador:

* Es una máquina estática de corriente alterna que se basa en la producción de f.e.m. por variación de flujo (es decir, sin movimiento relativo de inductor e inducido).

* Tiene por objeto convertir una potencia eléctrica cambiando sus parámetros tensión – intensidad (ver la ley fundamental).

* La tensión de salida está desfasada 180º respecto a la de entrada,

* Consta de un arrollamiento de entrada, llamado primario, un arrollamiento de salida, llamado secundario, y un circuito magnético que los une constituido por el núcleo.

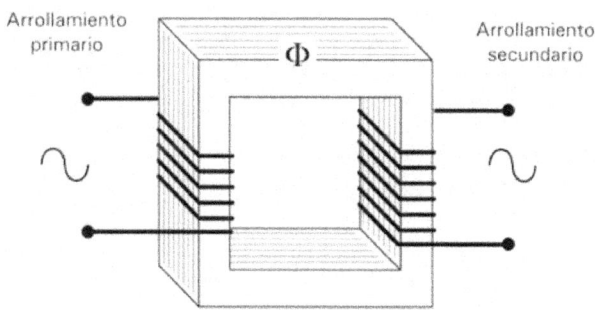

4.2. Ecuaciones fundamentales de un transformador ideal

Potencia primario = Potencia secundario

Up. Ip = Us. Is

$$\frac{U_p}{U_s} = \frac{I_s}{I_p} = \frac{N_p}{N_s} = m$$

en donde:

  U: tensión de primario o secundario

  I: intensidad de primario o secundario

  N: número de espiras de primario o de secundario

  m: relación de transformación

Importante, y para recordar elementalmente:

- La relación de transformación es un dato constructivo y depende del número de espiras.

- La relación de transformación determina la razón de tensiones (directa) y corrientes (inversa).

- La potencia depende de la sección del núcleo.

- La corriente depende, por una parte, de la potencia que el transformador es capaz de transformar y, por otra, de la sección del conductor (calor y cdt).

4.3. El transformador real. Pérdidas

Al conectar un transformador real y en vacío (sin carga) a la red, toma una corriente magnetizante que tiene dos componentes: una reactiva, debida a las pérdidas en el hierro, y una activa, debida a las pérdidas en el cobre. El valor de esta potencia de pérdidas es pequeño respecto a la potencia del transformador, pero la corriente de conexión es muy elevada y puede hacer saltar las protecciones, sin que por ello haya un defecto.

Pérdidas en el hierro. Se deben a la magnetización del núcleo y son debidas a las pérdidas por histéresis y por corrientes de Foucault.

Pérdidas en el cobre. Son debidas a las cdt en los bobinados. Son mínimas en vacío aumentando con la carga.

4.4. Tipos principales

4.4.1. Los transformadores de potencia de alta tensión, trifásicos

Usados en todo el sistema de distribución de energía. Estos transformadores están distribuidos a lo largo de toda la red eléctrica. Los de las centrales generadoras elevan la tensión hasta los valores de distribución, 380 kV, por ejemplo. Después, en la proximidad de los puntos de utilización, otros transformadores bajan la tensión, en pasos sucesivos, hasta los valores usuales de 400/230 V.

Red de distribución: "del generador al enchufe"

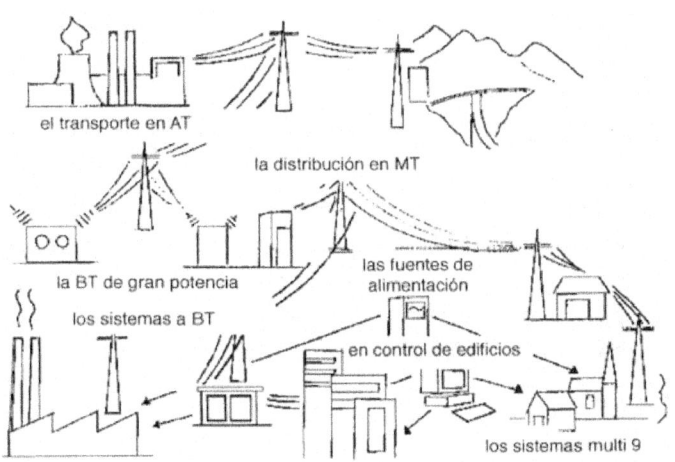

Transformadores MT/BT

Los transformadores trifásicos suelen tener el primario en triángulo y el secundario en estrella, para poder conectar el neutro.

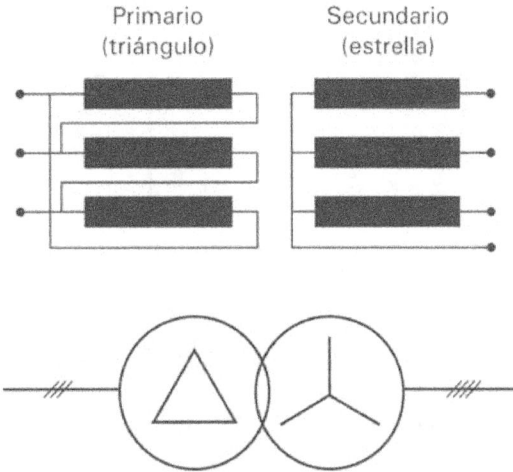

4.4.2. Transformadores de alimentación, monofásicos o trifásicos

Usados en la industria y en muchas aplicaciones domésticas.

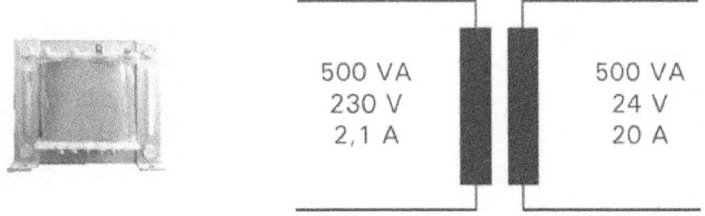

Tanto en un caso como en otro, el principal objetivo es adaptar la tensión a las necesidades de utilización.

4.4.3. Transformadores de medida y protección

Como indica su nombre, se utilizan para adaptar los valores de una red (tensión o intensidad) a los que puede leer el aparato de medida o el dispositivo de protección. En BT, los más importantes son los toroidales de intensidad, muy usados en cuadros para amperímetros de grandes cuadros y en las pinzas amperimétricas, por ejemplo.

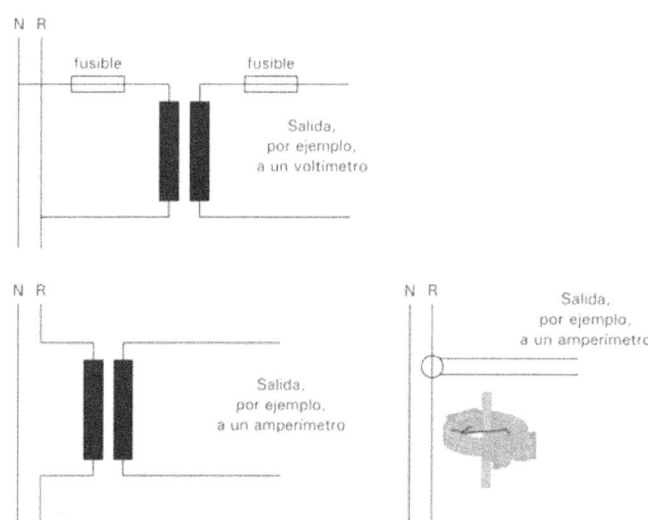

4.4.4. Transformadores de los equipos de soldadura

Los equipos de soldadura eléctrica pueden trabajar en ca o en cc, con rectificadores. Los de ca suelen tener un sistema de dispersión de flujo para regular la potencia (corriente) secundaria.

4.4.5. El autotransformador

El autotransformador es un transformador con un único bobinado.

Es reversible, como todos los transformadores, y suele usarse para adaptar tensiones de alimentación de máquinas e incluso de edificios (por ejemplo, por cambio de la tensión de alimentación de la red de distribución).

Tiene una gran ventaja: es más económico porque tiene menos hierro y menos cobre.

Pero no tiene separación galvánica entre primario y secundario, por lo que debe usarse con ciertas precauciones.

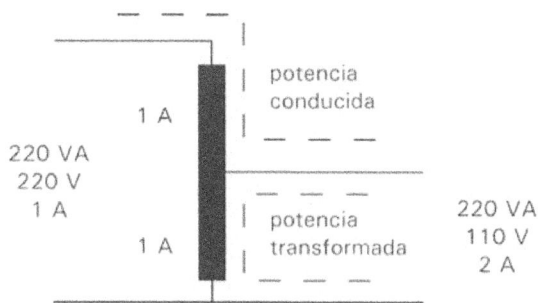

4.4.6. Transformador de aislamiento o de seguridad

Es un transformador normal, pero sus características aseguran el aislamiento primario/secundario. Es obligatorio en muchas instalaciones, especialmente por la seguridad de las personas.

RESUMEN

- Una máquina eléctrica es un conversor de energía en la que la energía entrante (motores) o la energía saliente (generadores) o las dos (transformadores) son energía eléctrica.

- Las máquinas de cc pueden tener los bobinados de estator y rotor en serie, en paralelo o en serie y paralelo por secciones.

- Las máquinas de cc son reversibles.

- Las máquinas de ca. trifásicas se basan en el campo giratorio que producen las tres tensiones defasadas 120º.

$$Ns = \frac{60 \cdot f}{p}$$

- La máquina síncrona de ca es una máquina que gira a velocidad constante e igual a la del campo giratorio. Es una máquina reversible.

- La máquina asíncrona de inducción constituye el motor de inducción de ca III. El principal es el del rotor de jaula o en cortocircuito. Su velocidad de giro es algo inferior a la del campo giratorio, debido al deslizamiento.

- Las ecuaciones principales del transformador son:

$$\text{Potencia primario} = \text{Potencia secundario}$$

$$Up. Ip = Us. Is$$

$$\frac{U_p}{U_s} = \frac{I_s}{I_p} = \frac{N_p}{N_s} = m$$

- Los principales tipos de transformadores son los de distribución y alimentación y los de medida.

- El autotransformador es un transformador con un único arrollamiento; debe utilizarse con precaución porque no tiene separación galvánica.

MÓDULO DOS ELECTROTECNIA

U.D. 7 MEDIDAS ELECTROTÉCNICAS

M 2 / UD 7

ÍNDICE

INTRODUCCIÓN

Ciertamente la evolución de la Física ha sido simultánea con la evolución de la metrología y de los aparatos de medida.

Diseñar y montar una instalación, poder medir con aparatos de alta tecnología y saber interpretar los resultados es siempre gratificante. Pero para medir hay que conocer los principios físicos, conocer el funcionamiento de los aparatos y ser rigurosos en las técnicas de la medida.

Este tema es especialmente importante porque aproxima al mundo de la medida y, en concreto, al uso del téster.

OBJETIVOS

- Conocer la medida de tensiones, intensidades y resistencias.

- Aprender a utilizar el polímetro o téster, como aparato principal de medida del electricista.

1. DEFINICIONES PREVIAS

Magnitud: es todo aquello que se puede medir. Por ejemplo, la distancia, el tiempo, la tensión eléctrica, la resistencia... `Actualmente, en Física, se definen más de 300 magnitudes diferentes!

Medir: Medir es comparar un valor de magnitud con una referencia que llamamos unidad, por ejemplo, comparar la longitud de la mesa con el metro, que es la unidad de longitud.

Unidad: es el patrón fijo de referencia de cada una de las magnitudes. De cada una de las magnitudes existe una unidad, independiente o derivada.

La expresión de una medida siempre ha de ser completa:

$$\text{magnitud} = (\text{valor de magnitud})\,[\text{unidad}]$$

$$U = 24 \text{ V}$$
$$R = 1500 \ \Omega$$
$$f = 50 \text{ Hz}$$

2. ERRORES EN LA MEDIDA

En toda medida se comete un cierto error. Para poder trabajar con seguridad es imprescindible conocer el margen de error.

2.1. Cualidades del aparato de medida

Error absoluto es la diferencia entre el valor exacto (real) y el valor medido.

Error relativo es el valor absoluto del cociente entre el valor medido y el valor exacto (real). Suele darse en %.

Por ejemplo:

Valor real: 230 V; valor medido: 218 V.

Error absoluto: 12 V.

Error relativo: (12/230) x 100 = 5,2 %

Este valor determina la clase de instrumento

	Instrumentos de precisión o de laboratorio			Instrumentos de uso industrial			
CLASE	0,1	0,2	0,5	1	1,5	2,5	5

La resolución es la habilidad de un instrumento de medida para detectar cantidades muy pequeñas del parámetro a medir.

2.2. Errores del operario

Son errores debidos a la ignorancia o a la desatención. Suelen ser los más frecuentes.

Para evitar errores, es conveniente:

* Velar por la seguridad personal y del equipo.
* Conocer el aparato de medida y el esquema de principio de la medida a efectuar.
* Conocer el circuito a medir y sus parámetros aproximados.
* Estar concentrado.
* Repetir la medida y ver su coherencia.

3. APARATOS DE MEDIDA Y PRINCIPIO DE FUNCIONAMIENTO

Denominaremos "aparato de medida" al dispositivo que permite medir, cuantificar el valor de magnitud. Por ejemplo, y en general, la anchura de un dedo (pulgada), la mano extendida (palmo), una regla, un reloj, un termómetro...

En algunos casos el aparato ya es válido para medir, por ejemplo, en un termómetro de mercurio o alcohol, la dilatación por incremento de temperatura da directamente una lectura sobre una escala graduada.

En otros, como por ejemplo, en el caso de todos los aparatos eléctricos, la conversión de la magnitud eléctrica en desplazamiento angular la realiza un instrumento basado en el efecto motor: una corriente que circula por una bobina dentro de un campo magnético produce un par de fuerzas y hace girar la aguja.

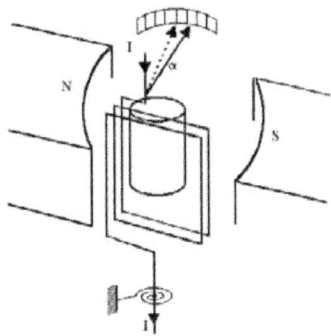

4. CONSTITUCIÓN GENERAL

Los aparatos de medida, básicamente, constan siempre de:

- Un visualizador para poder leer el valor de la magnitud medida. Principalmente son de aguja o numéricos (digitales), pero hay otros, como la pantalla de un osciloscopio o el papel de un registrador gráfico.

- Un conjunto de circuitos que adaptan la señal de entrada al visualizador. Si estos circuitos son electrónicos (incluso con μP) tenemos aparatos electrónicos que ofrecen muy buenas prestaciones en precisión y porque permiten cargar poco el circuito a medir; si sólo tienen componentes RCL, hablamos de aparatos puramente eléctricos. En muchos casos, no existe circuito de adaptación.

- Los circuitos de entrada entregan a los circuitos de adaptación, o directamente al instrumento de aguja, toda o parte de la señal de entrada.

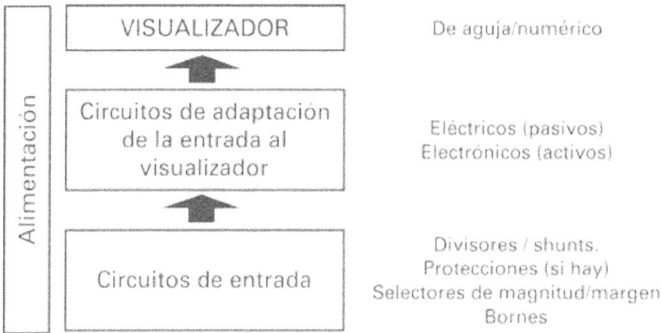

En la práctica, se tienen, por ejemplo, estos tipos de testers:

Todo esto se aplica a otros tipos de aparatos. Estos dos voltímetros de cuadro, uno analógico y otro digital son prácticamente equivalentes, pero el digital tendrá una circuitería interior más complicada.

5. CLASIFICACIÓN

Los criterios de clasificación de los aparatos de medida son muchos. En electrotecnia práctica elemental, se pueden clasificar por estos conceptos:

5.1. Por su tecnología

- Eléctricos o electrónicos, es decir, sin/con componentes activos

- Analógicos o digitales, es decir, con visualizador de aguja o alfanumérico.

5.2. Por la magnitud a medir

- Voltímetro.

- Amperímetro.

- Óhmetro.,

- Vatímetro.

- Contador de energía.

- Dosímetro.

- Frecuencímetro.

- Indicador de secuencia de fases.

- Analizadores de redes.

- Medidores de aislamiento.

- Medidores de resistencia de tierra y resistividad del terreno.

- Etc.

5.3. Por su colocación o utilización

- Fijos o de cuadro.

- Portátiles o móviles.

5.4. Por su precisión

- De cuadro o de uso industrial general: clase 1,5.

- De uso general: sobre 1%, aproximadamente.

- De laboratorio: mejor de 0,5%.

6. SIMBOLOGÍA FRECUENTE EN APARATOS DE MEDIDA

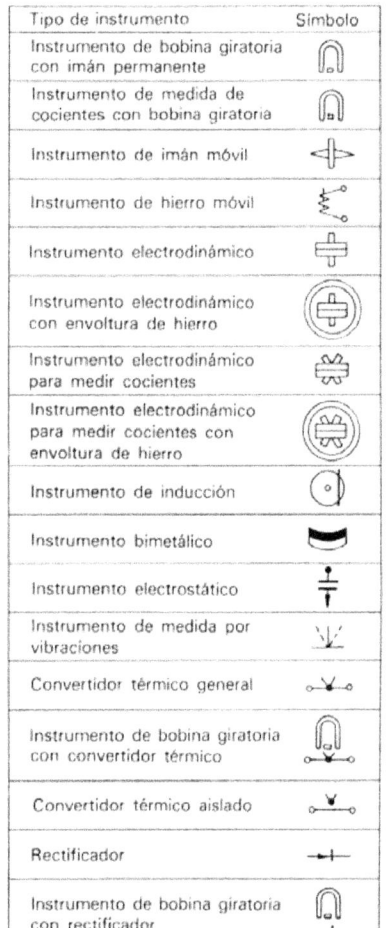

Tipo de instrumento	Símbolo
Instrumento de bobina giratoria con imán permanente	
Instrumento de medida de cocientes con bobina giratoria	
Instrumento de imán móvil	
Instrumento de hierro móvil	
Instrumento electrodinámico	
Instrumento electrodinámico con envoltura de hierro	
Instrumento electrodinámico para medir cocientes	
Instrumento electrodinámico para medir cocientes con envoltura de hierro	
Instrumento de inducción	
Instrumento bimetálico	
Instrumento electrostático	
Instrumento de medida por vibraciones	
Convertidor térmico general	
Instrumento de bobina giratoria con convertidor térmico	
Convertidor térmico aislado	
Rectificador	
Instrumento de bobina giratoria con rectificador	

Tipo de instrumento	Símbolo
Instrumento con blindaje de hierro	
Instrumento con blindaje electrostático (Símbolo del blindaje)	
Instrumento astático	ast
Instrumento de corriente continua	
Instrumento de corriente alterna	
Instrumento de corriente alterna y continua	
Instrumento de trifásica con un sistema de medida	
Instrumento de trifásica con dos sistemas de medida	
Instrumento de trifásica con tres sistemas de medida	
Uso en posición vertical	
Uso en posición horizontal	
Uso en posición inclinada con indicación del ángulo de inclinación	
Dispositivo de ajuste del cero	
Símbolo de la tensión de prueba: La cifra dentro de la estrella indica la tensión de prueba en kV (si no existe cifra alguna en la estrella la tensión de prueba es 500 V)	
Atención (respetar las instrucciones de empleo)	
El instrumento no cumple las normas respecto a la tensión de prueba	

7. CIRCUITOS BÁSICOS DE MEDIDA

Los circuitos que siguen explican los 4 sistemas básicos de medida: el circuito voltimétrico, el circuito amperimétrico con shunt, el circuito amperimétrico con transformador y el óhmetro. Estos esquemas, de una u otra forma, están presentes en la mayoría de aparatos de medida.

7.1. Circuito voltimétrico

Aparato destinado a medir tensiones.

Alta impedancia.

Se conecta en paralelo, o sea, entre los dos puntos a medir.

Error de conexión: si se conecta en serie, no se produce ninguna falta, sólo, tal vez, error de medida.

Característica principal: impedancia o resistencia de entrada: alta o muy alta. En los electrónicos, suele estar entre los 10 y 11 MW. En los eléctricos es mecho menor, depende del margen de medida y se expresa en W/V, valor que indica la resistencia que hay que poner en serie con el instrumento para que al aplicar al conjunto una ddt de 1 V, la aguja alcance el fondo escala. Por ejemplo: un voltímetro eléctrico de calidad medir, puede tener 20.000 ohm/voltio, lo que significa que, en el margen de 300 V fondo escala, su impedancia de entrada será 300 x 20.000 = 6 MW; pero, en el margen de 100 V fondo escala, tiene sólo 100 x 20.000 = 2 MW.

Esquema general y forma de medir:

VOLTÍMETRO

7.2. Circuito amperímetro con shunt

Aparato destinado a medir intensidades de corriente.

Muy baja impedancia.

Se conecta siempre en serie.

Error de conexión: si se conecta en paralelo, se quema el amperímetro.

Característica principal: muy baja resistencia de entrada que, en los eléctricos, varía con el margen seleccionado.

Esquema general y forma de medir:

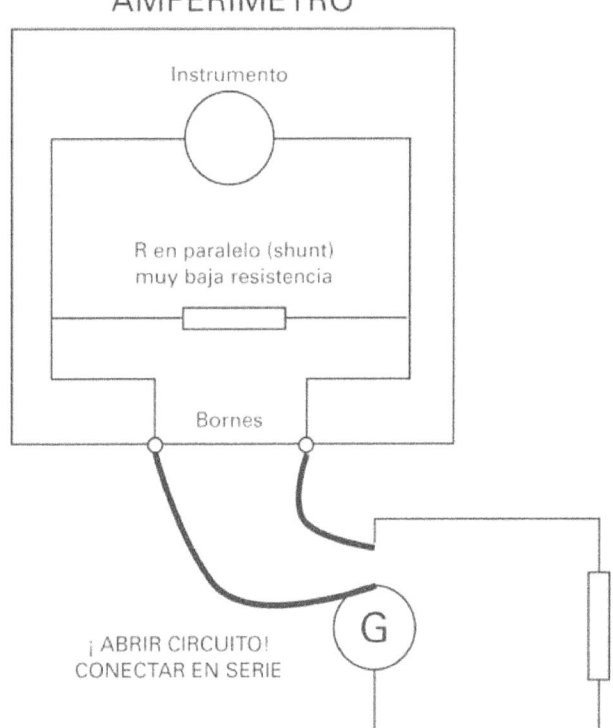

7.3. Circuito amperimétrico con transformador de intensidad

Aparato destinado a medir intensidades de corriente.

Se basa en la utilización de un transformador de intensidad cuyo primario es el conductor o barra por el que pasa la corriente y cuyo secundario, dentro del aparato, está conectado al sistema medidor para indicar el valor de la corriente a medir.

Tiene dos grandes ventajas:

* No hay que cortar o abrir el conductor o circuito a medir.

* No hay que cortar la alimentación del circuito bajo prueba.

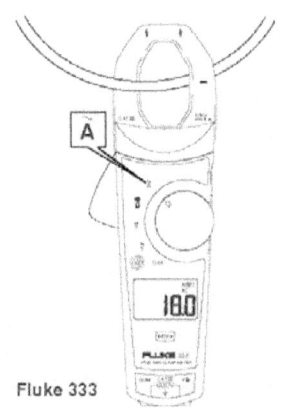

Fluke 333

7.4. Circuito ohmimétrico

Aparato destinado a medir intensidades de corriente.

El aparato tiene baja impedancia y tensión propia.

Se conecta en bornes de la resistencia a medir.

Precaución de conexión: el o los circuitos a medir no deben tener tensión, ni de la fuente de alimentación ni de otras procedencias, por ejemplo, condensadores cargados.

Si hay tensión, habrá error de medida y, según los valores, se puede llegar a quemar el aparato.

Esquema general y forma de medir:

ÓHMETRO

Instrumento que trabaja como miliamperimetro, pero con la escala tarada en ohmios

Pila para crear corriente y medir por ley de Ohm

Reostato para ajuste de CERO

Bornes

Rx

8. LOS APARATOS DE CUADRO

Los aparatos de cuadro están diseñados para colocarse fijos en los cuadros de maniobra.

Los voltímetros y los circuitos voltimétricos de vatímetros, cosímetros, frecuencímetros, etc., deben estar protegidos contra cortocircuitos; normalmente se utiliza fusible con un alto poder de corte.

Los amperímetros y los circuitos amperimétricos de vatímetros, cosímetros, etc., nunca deben tener fusibles. Estos aparatos, suelen utilizar transformadores toroidales para medir las corrientes de las barras.

9. EL TÉSTER, POLÍMETRO O MULTÍMETRO

Es un aparato portátil para medir tensión, intensidad de corriente y resistencia, tanto en cc como en ca. Actualmente, suelen poder medir otras magnitudes, como frecuencia. Además, tienen un práctico circuito con zumbador para probar continuidad.

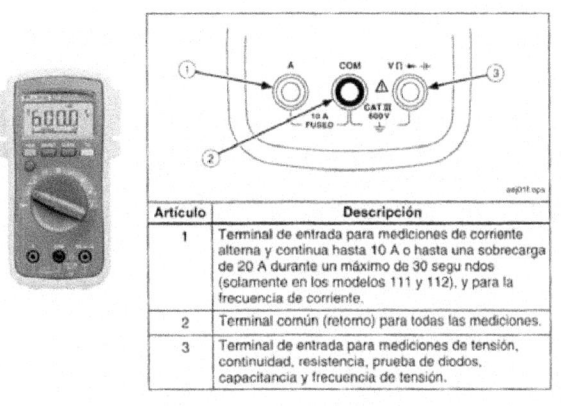

Artículo	Descripción
1	Terminal de entrada para mediciones de corriente alterna y continua hasta 10 A o hasta una sobrecarga de 20 A durante un máximo de 30 segundos (solamente en los modelos 111 y 112), y para la frecuencia de corriente.
2	Terminal común (retorno) para todas las mediciones.
3	Terminal de entrada para mediciones de tensión, continuidad, resistencia, prueba de diodos, capacitancia y frecuencia de tensión.

Importante:

* Usar siempre puntas de prueba en buen estado.

* Comprobar el estado de la pila y del fusible.

* Recordar cambiar el selector para escoger magnitud.

10. MEDIDA DE TENSIONES

Objeto: conocer la ddt entre dos puntos.

Aparato: voltímetro o téster como voltímetro.

Conexiones y medida:

- Conexión en paralelo.

- Si se conecta en serie, hay error de medida, pero no se quema el aparato.

- Seleccionar ca o cc. En caso de equivocación, hay error en la medida, pero, además, se puede quemar el aparato de medida.

- El voltímetro es un aparato de alta impedancia.

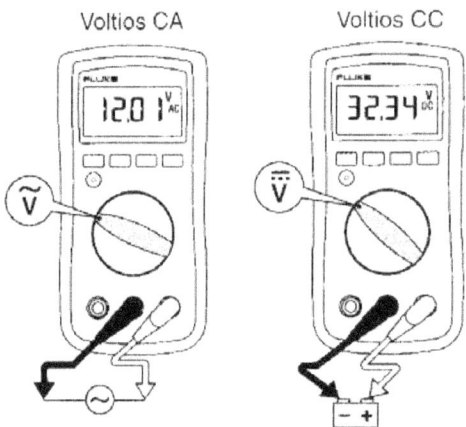

11. MEDIDA DE INTENSIDAD DE CORRIENTE

Objeto: conocer la intensidad de corriente en un punto de un circuito.

- **Aparato**: amperímetro o téster como amperímetro.

  Conexiones y medida:

  - Conexión en serie.

  - Precaución con el cambio de bornes (en casi todos los tésters).

  - Si se conecta en paralelo, se suele averiar irreparablemente el amperímetro y hay grave error de medida.

  - Seleccionar ca o cc. En caso de equivocación, hay error en la medida, pero, además, se puede quemar el aparato de medida.

  - El amperímetro es un aparato de baja impedancia.

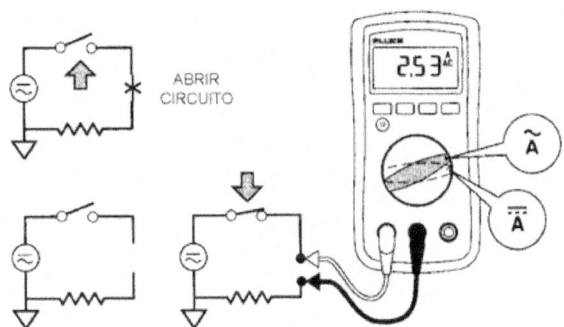

- **Aparato**: pinza amperimétrica.

  Conexiones y medida:

  - Seleccionar magnitud.

  - Insertar pinza en cable.

  - Algunas pinzas pueden medir cc por efecto Hall.

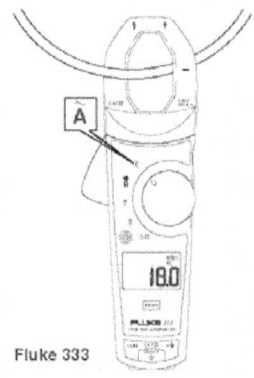

Fluke 333

12. MEDIDA DE RESISTENCIAS DE VALOR BAJO: ÓHMETRO

Objeto: conocer la resistencia de un componente o de un circuito.

*   **Aparato**: óhmetro.

Conexiones y medida:

-   Conexión entre puntos a medir.

-   El óhmetro aplica una pequeña tensión sobre el elemento bajo prueba.

-   Precaución: el elemento bajo prueba no debe tener tensión, ni de red ni otra oculta, por ejemplo, condensadores cargas, retornos.

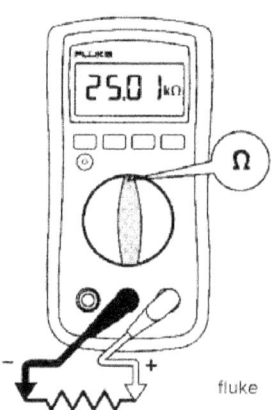

13. MEDIDA DE RESISTENCIAS DE ALTO VALOR: MEDIDA DE AISLAMIENTO

Objeto: Medir el aislamiento entre partes de un circuito o máquina.

- **Aparato específico**: Medidor de aislamiento.

Conexiones y medida:

- Conexión entre puntos a medir.

- Seleccionar función.

- Seleccionar tensión.

- El medidor de aislamiento aplica una alta tensión sobre el elemento bajo prueba.

- Peligro: alta tensión. No tocar las puntas mientras se mide. Usar cables adecuados.

- Precaución: si al medir aislamiento entre conductores de una línea hay algún receptor conectado, puede resultar dañado.

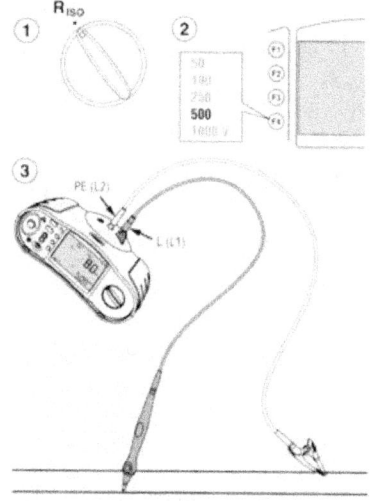

14. MEDIDA DE CONTINUIDAD

Objeto: asegurar la continuidad de un conductor, por ejemplo, del CP.

Comentario: Esta medida suele hacerse con el téster, es decir, con una tensión y corriente muy bajas. Las Guías del REBT, indican que la medida se haga con un aparato que suministre hasta 24 Vcc y 200 mA,

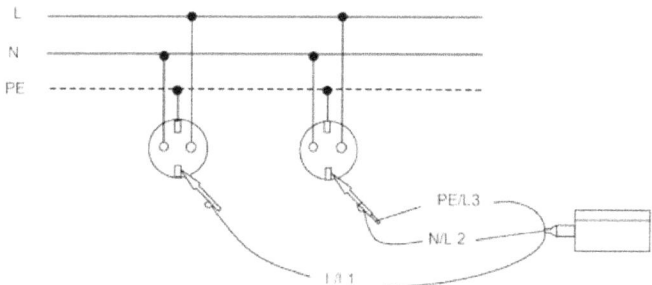

También puede utilizarse el téster con su circuito especial.

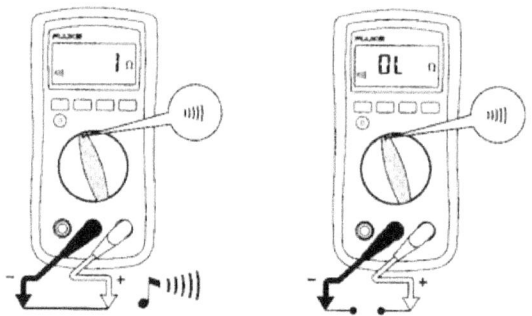

15. MEDIDA DE LA POTENCIA EN CA

Objeto: medir la potencia activa.

- **Aparato específico**: vatímetro.

Conexiones:

- Un vatímetro tienen dos circuitos, uno voltimétrico y otro amperimétrico.

- Conectar el circuito voltimétrico en paralelo y el amperimétrico en serie, o mediante la pinza amperimétrica.

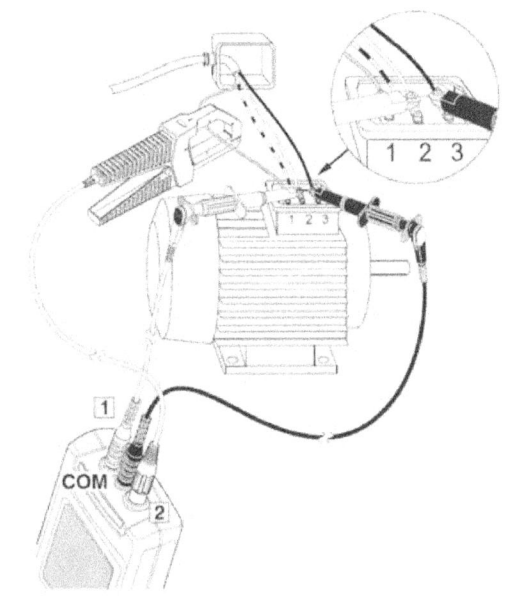

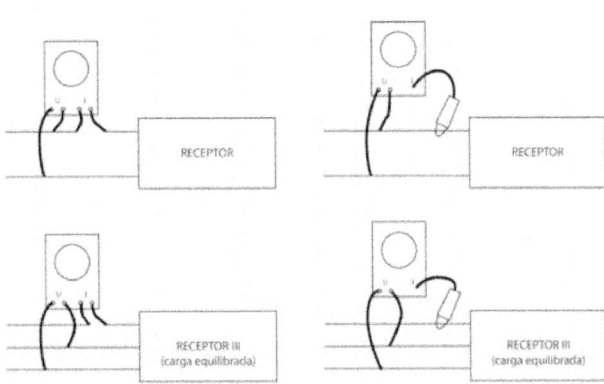

RESUMEN

- Los aparatos de cuadro suelen ser de clase 1,5; los polímetros actuales digitales profesionales suelen ser de clase 0,5 ó 1.

	Instrumentos de precisión o de laboratorio			Instrumentos de uso industrial			
CLASE	0,1	0,2	0,5	1	1,5	2,5	5

- Los circuitos básicos de medida son:

  - El voltimétrico: alta impedancia; en paralelo.

  - El amperimétrico: muy baja impedancia; en serie.

  - El ohmimétrico: con fuente de tensión en serie con la medida; no medir sobre elementos con tensión.

- El tester mide tensiones, intensidades y resistencias. Sus bornes suelen ser:

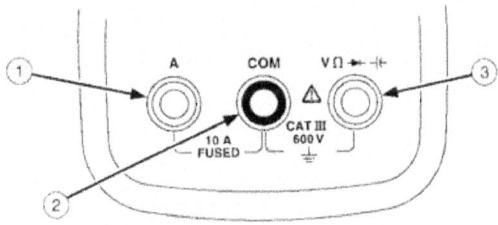

Tensiones y resistencias entre 2 y 3.

Intensidades entre 1 y 2.

- La medida de intensidades de corriente se hace muy frecuentemente con la pinza amperimétrica.

GLOSARIO

Aislamiento de un cable: Conjunto de materiales aislantes que forman parte de un cable y cuya función específica es soportar la tensión.

Aislamiento funcional: Aislamiento necesario para garantizar el funcionamiento normal y la protección fundamental contra los choques eléctricos.

Aislamiento principal: Aislamiento de las partes activas, cuyo deterioro podría provocar riesgo de choque eléctrico.

Aislamiento suplementario: Aislamiento independiente, previsto además del aislamiento principal, a efectos de asegurar la protección contra choque eléctrico en caso de deterioro del aislamiento principal.

Aislante: Sustancia o cuerpo cuya conductividad es nula o, en la práctica, muy débil.

Alta sensibilidad: Se consideran los interruptores diferenciales como de alta sensibilidad cuando el valor de ésta es igual o inferior a 30 mA.

Amperio: Es la unidad de intensidad de corriente eléctrica. Forma parte de las unidades básicas en el Sistema Internacional de Unidades. Equivale a una intensidad de corriente tal que, al circular por dos conductores paralelos, rectilíneos, de longitud infinita, de sección circular despreciable y separados entre sí en el vacío una distancia de un metro, produce una fuerza entre los conductores de 2 x 10-7 newtons por cada metro de conductor. Se representa con el símbolo A. Nombre en honor de André-Marie Ampère.

Aparamenta: Equipo, aparato o material previsto para ser conectado a un circuito eléctrico con el fin de asegurar una o varias de las siguientes funciones: protección, control, seccionamiento, conexión.

Bandeja: Material de instalación constituido por un perfil, de paredes perforadas o sin perforar, destinado a soportar cables y abierto en su parte superior.

Bobina: Es un componente formado por un conductor (aislado) que se enrolla alrededor de un núcleo. Se usa para crear campos magnéticos y para introducir en un circuito una componente inductiva.

Borne o barra principal de tierra: Borne o barra prevista para la conexión a los dispositivos de puesta a tierra de los conductores de protección, incluyendo los conductores de equipotencialidad y eventualmente los conductores de puesta a tierra funcional.

Cable: Conjunto constituido por:

- Uno o varios conductores aislados.

- Su eventual revestimiento individual.

- La eventual protección del conjunto.

- El o los eventuales revestimientos de protección que se dispongan.

Puede tener, además, uno o varios conductores no aislados.

Cable blindado con aislamiento mineral: Cable aislado por una materia mineral y que tiene una cubierta de protección constituida por cobre, aluminio o aleación de éstos. Estas cubiertas, a su vez, pueden estar protegidas por un revestimiento adecuado.

Cable con cubierta estanca: Son aquellos cables que disponen de una cubierta interna o externa que proporcionan una protección eficaz contra la penetración de agua.

Cable con neutro concéntrico: Cable con un conductor concéntrico destinado a utilizarse como conductor de neutro.

Cable flexible: Cable diseñado para garantizar una conexión deformable en servicio y en el que la estructura y la elección de los materiales son tales que cumplen las exigencias correspondientes.

Cable flexible fijado permanentemente: Cable flexible de alimentación a un aparato, unido a éste de manera que sólo se pueda desconectar de él con ayuda de un útil.

Cable multiconductor: Cable que incluye más de un conductor, alguno de los cuales puede no estar aislado.

Cable unipolar: Cable que tiene un solo conductor aislado.

Canal: Recinto situado bajo el nivel del suelo o piso y cuyas dimensiones no permiten circular por él y que, en caso de ser cerrado, debe permitir el acceso a los cables en toda su longitud.

Canal moldura: Variedad de canal de paredes llenas, de pequeñas dimensiones, conteniendo uno o varios alojamientos para conductores.

Canal protectora: Material de instalación constituido por un perfil, de paredes llenas o perforadas, destinado a contener conductores y otros componentes eléctricos y cerrado por una tapa desmontable.

Canalización eléctrica: Conjunto constituido por uno o varios conductores eléctricos y los elementos que aseguran su fijación y, en su caso, su protección mecánica.

Canalización fija: Canalización instalada en forma inamovible, que no puede ser desplazada.

Capacidad: Es la propiedad de un conductor de adquirir carga eléctrica cuando es sometido a un potencial eléctrico con respecto a otro en estado neutro. La capacidad queda definida numéricamente por la razón de la carga a la tensión o potencial.

Cerca eléctrica: Cerca formada por uno o varios conductores, sujetos a pequeños aisladores, montados sobre postes ligeros a una altura apropiada a los animales que se pretende alejar y electrizados de tal forma que las personas o los animales que los toquen no reciban descargas peligrosas.

Circuito: Un circuito es un conjunto de materiales eléctricos (conductores, aparamenta, etc.) de diferentes fases o polaridades, alimentadas por la misma fuente de energía y protegidos contra las sobreintensidades por el o los mismos dispositivos de protección. No quedan incluidos en esta definición los circuitos que formen parte de los aparatos de utilización o receptores.

Condensador: Es un dispositivo formado por dos conductores o armaduras, generalmente en forma de placas o láminas separados por un material dieléctrico, que sometidos a una diferencia de potencial adquieren una determinada carga eléctrica.

Conducto: Envolvente cerrada destinada a alojar conductores aislados o cables en las instalaciones eléctricas, y que permiten su reemplazamiento por tracción.

Conductor aislado: Conjunto que incluye el conductor, su aislamiento y sus eventuales pantallas.

Conductor CPN o PEN: Conductor puesto a tierra que asegura, al mismo tiempo, las funciones de conductor de protección y de conductor neutro.

Conductor de protección (CP o PE): Conductor requerido en ciertas medidas de protección contra choques eléctricos y que conecta alguna de las siguientes partes:

- Masas.
- Elementos conductores.
- Borne principal de tierra.
- Toma de tierra.
- Punto de la fuente de alimentación unida a tierra o a un neutro artificial.

Conductor de un cable: Parte de un cable que tiene la función específica de conducir corriente.

Conductor equipotencial: Conductor de protección que asegura una conexión equipotencial.

Conductor flexible: Conductor constituido por alambres suficientemente finos y reunidos de forma que puedan utilizarse como un cable flexible.

Conductor neutro: Conductor conectado al punto de una red y capaz de contribuir al transporte de energía eléctrica.

Conductores activos: Se consideran como conductores activos en toda instalación los destinados normalmente a la transmisión de la energía eléctrica. Esta consideración se aplica a los conductores de fase y al conductor neutro en corriente alterna y a los conductores polares y al compensador en corriente continua.

Conector: Conjunto destinado a conectar eléctricamente un cable a un aparato eléctrico.

Se compone de dos partes:

- Una toma móvil, que es la parte que forma cuerpo con el de conductor de alimentación.

- Una base, que es la parte incorporada o fijada al aparato de utilización.

Conexión equipotencial: Conexión eléctrica que pone al mismo potencial, o a potenciales prácticamente iguales, a las partes conductoras accesibles y elementos conductores.

Contacto directo: Contacto de personas o animales con partes activas de los materiales y equipos.

Contacto indirecto: Contacto de personas o animales domésticos con partes que se han puesto bajo tensión como resultado de un fallo de aislamiento.

Corriente admisible permanentemente (de un conductor): Valor máximo de la corriente que circula permanentemente por un conductor, en condiciones específicas, sin que su temperatura de régimen permanente supere un valor especificado.

Corriente convencional de funcionamiento de un dispositivo de protección: Valor especificado que provoca el funcionamiento del dispositivo de protección antes de transcurrir un intervalo de tiempo determinado de una duración especificada, llamado tiempo convencional.

Corriente de contacto: Corriente que pasa a través de cuerpo humano o de un animal cuando está sometido a una tensión eléctrica.

Corriente de cortocircuito franco: Sobreintensidad producida por un fallo de impedancia despreciable, entre dos conductores activos que presentan una diferencia de potencial en condiciones normales de servicio.

Corriente de choque: Corriente de contacto que podría provocar efectos fisiopatológicos.

Corriente de defecto a tierra: Corriente que en caso de un solo punto de defecto a tierra, se deriva por el citado punto desde el circuito averiado a tierra o partes conectadas a tierra.

Corriente de defecto o de falta: Corriente que circula debido a un defecto de aislamiento.

Corriente de fuga en una instalación: Corriente que, en ausencia de fallos, se transmite a la tierra o a elementos conductores del circuito.

Corriente de puesta a tierra: Corriente total que se deriva a tierra a través de la puesta a tierra.

Nota: La corriente de puesta a tierra es la parte de la corriente de defecto que provoca la elevación de potencial de una instalación de puesta a tierra.

Corriente de sobrecarga de un circuito: Sobreintensidad que se produce en un circuito, en ausencia de un fallo eléctrico.

Corriente diferencial residual: Suma algebraica de los valores instantáneos de las corrientes que circulan a través de todos los conductores activos de un circuito, en un punto de una instalación eléctrica.

Corriente diferencial residual de funcionamiento: Valor de la corriente diferencial residual que provoca el funcionamiento de un dispositivo de protección.

Cortacircuito fusible: Aparato cuyo cometido es el de interrumpir el circuito en el que está intercalado, por fusión de uno de sus elementos, cuando la intensidad que recorre el elemento sobrepasa, durante un tiempo determinado, un cierto valor.

Corte omnipolar: Corte de todos los conductores activos. Puede ser:

- Simultáneo, cuando la conexión y desconexión se efectúa al mismo tiempo en el conductor neutro o compensador y en las fases o polares.

- No simultáneo, cuando la conexión del neutro o compensador se establece antes que las de las fases o polares y se desconectan éstas antes que el neutro o compensador.

Cubierta de un cable: Revestimiento tubular continuo y uniforme de material metálico o no metálico, generalmente extruido.

Choque eléctrico: Efecto fisiopatológico resultante del paso de corriente eléctrica a través del cuerpo humano o de un animal.

Defecto franco: Defecto de aislamiento cuya impedancia puede considerarse nula.

Defecto monofásico a tierra: Defecto de aislamiento entre un conductor y tierra.

Doble aislamiento: Aislamiento que comprende, a la vez, un aislamiento principal y un aislamiento suplementario.

Elementos conductores: Todos aquéllos que pueden encontrarse en un edificio, aparato, etc., y que son susceptibles de transferir una tensión, tales como: estructuras metálicas o de hormigón armado utilizadas en la construcción de edificios (p.e. armaduras, paneles, carpintería metálica, etc.) canalizaciones metálicas de agua, gas, calefacción, etc., y los aparatos no eléctricos conectados a ellas, si la unión constituye una conexión eléctrica (p.e. radiadores, cocinas, fregaderos metálicos, etc.), suelos y paredes conductores.

Elemento conductor ajeno a la instalación eléctrica: Elemento que no forma parte de la instalación eléctrica y que es susceptible de introducir un potencial, generalmente el de tierra.

Envolvente: Elemento que asegura la protección de los materiales contra ciertas influencias externas y la protección, en cualquier dirección, ante contactos directos.

Fuente de alimentación de energía: Lugar o punto donde una línea, una red, una instalación o un aparato reciben energía eléctrica que tienen que transmitir, repartir o utilizar.

Fuente de energía: Aparato generador o sistema suministrador de energía eléctrica.

Imán: Sustancia que tiene la propiedad de atraer al hierro; esta propiedad se denomina magnetismo o ferromagnetismo.

Impedancia: Cociente de la tensión en los bornes de un circuito por la corriente que fluye por ellos. Esta definición sólo es aplicable a corrientes sinusoidales.

Impedancia del circuito de defecto: Impedancia total ofrecida al paso de una corriente de defecto.

Inductancia: Es la propiedad de un circuito en el que se establece un campo o flujo magnético en función de la corriente que circula por él. El coeficiente de autoinducción, L, es la medida de esta propiedad, que se cuantifica como la razón de la fuerza electromotriz de autoinducción respecto a la variación de la corriente en el tiempo.

La Unidad del Sistema Internacional de la inductancia es el henrio (H), que podría definirse diciendo que un circuito tiene una inductancia de 1 H cuando al variar la corriente a razón de 1 amperio por segundo se produce una fem de autoinducción de 1 voltio.

Instalación de puesta a tierra: Conjunto de conexiones y dispositivos necesarios para poner a tierra, individual o colectivamente, un aparato o una instalación.

Instalación eléctrica: Conjunto de aparatos y de circuitos asociados, en previsión de un fin particular: producción, conversión, transformación, transmisión, distribución o utilización de la energía eléctrica.

Intensidad de corriente: Es la cantidad de carga eléctrica que pasa a través de una sección en una unidad de tiempo. La unidad en el Sistema internacional de unidades es el amperio.

Intensidad de defecto: Valor que alcanza una corriente de defecto.

Interruptor automático: Interruptor capaz de establecer, mantener e interrumpir las intensidades de corriente de servicio, o de establecer e interrumpir automáticamente, en condiciones predeterminadas, intensidades de corriente anormalmente elevadas, tales como las corrientes de cortocircuito.

Interruptor de control de potencia y magnetotérmico: Aparato de conexión que integra todos los dispositivos necesarios para asegurar de forma coordinada:

- Mando.

- Protección contra sobrecargas.

- Protección contra cortocircuitos.

Interruptor diferencial: Aparato electromecánico o asociación de aparatos destinados a provocar la apertura de los contactos cuando la corriente diferencial alcanza un valor dado.

Luminaria: Aparato de alumbrado que reparte, filtra o transforma la luz de una o varias lámparas y que comprende todos los dispositivos necesarios para fijar y proteger las lámparas (excluyendo las propias lámparas) y cuando sea necesario, los circuitos auxiliares junto con los medios de conexión al circuito de alimentación.

Masa: Conjunto de las partes metálicas de un aparato que, en condiciones normales, están aisladas de las partes activas.

Las masas comprenden normalmente:

- Las partes metálicas accesibles de los materiales y de los equipos eléctricos, separadas de las partes activas solamente por un aislamiento funcional, las cuales son susceptibles de ser puestas en tensión a consecuencia de un fallo de las disposiciones tomadas para asegurar su aislamiento. Este fallo puede resultar de un defecto del aislamiento funcional, o de las disposiciones de fijación y de protección.

- Por tanto, son masas las partes metálicas accesibles de los materiales eléctricos, excepto los de Clase II, las armaduras metálicas de los cables y las condiciones metálicas de agua, gas, etc.

- Los elementos metálicos en conexión eléctrica o en contacto con las superficies exteriores de materiales eléctricos, que estén separadas de las partes activas por aislamientos funcionales, lleven o no estas superficies exteriores algún elemento metálico.

Por tanto son masas: las piezas metálicas que forman parte de las canalizaciones eléctricas, los soportes de aparatos eléctricos con aislamiento funcional, y las piezas colocadas en contacto con la envoltura exterior de estos aparatos.

- Por extensión, también puede ser necesario considerar como masas, todo objeto metálico situado en la proximidad de partes activas no aisladas, y que presenta un riesgo apreciable de encontrarse unido eléctricamente con estas partes activas, a consecuencia de un fallo de los medios de fijación (p.e. aflojamiento de una conexión, rotura de un conductor, etc.).

Nota: Una parte conductora que sólo puede ser puesta bajo tensión en caso de fallo a través de una masa, no puede considerarse como una masa.

Material eléctrico: Cualquier material utilizado en la producción, transformación, transporte, distribución o utilización de la energía eléctrica, como máquinas, transformadores, aparamenta, instrumentos de medida, dispositivos de protección, material para canalizaciones, receptores, etc.

Nivel de protección (de un dispositivo de protección contra sobretensiones): Son los valores de cresta de las tensiones más elevadas admisibles en los bornes de un dispositivo de protección cuando está sometido a sobretensiones de formas normalizadas y valores asignados bajo condiciones especificadas.

Óhmio: Es la unidad de resistencia eléctrica en el Sistema Internacional de Unidades. Un ohmio es el valor de la resistencia que presenta un conductor al paso de una corriente eléctrica de un amperio, cuando la diferencia de potencial entre sus extremos es de un voltio. Se representa con la letra griega Ω (Omega). Nombre en honor Georg Simon Ohm.

Partes activas: Conductores y piezas conductoras bajo tensión en servicio normal. Incluyen el conductor neutro o compensador y las partes a ellos conectadas. Excepcionalmente, las masas no se considerarán como partes activas cuando estén unidas al neutro con finalidad de protección contra contactos indirectos.

Poder de cierre: El poder de cierre de un dispositivo, se expresa por la intensidad de corriente que este aparato es capaz de establecer, bajo una tensión dada, en las condiciones prescritas de empleo y de funcionamiento.

Poder de corte: El poder de corte de un aparato, se expresa por la intensidad de corriente que este dispositivo es capaz de cortar, bajo una tensión de restablecimiento determinada, y en las condiciones prescritas de funcionamiento.

Potencia prevista o instalada: Potencia máxima capaz de suministrar una instalación a los equipos y aparatos conectados a ella, ya sea en el diseño de la instalación o en su ejecución, respectivamente.

Potencial en un punto: Considérese una carga de prueba positiva en el seno de un campo eléctrico y que se traslada desde el punto A al infinito, en contra de las fuerzas del campo. Si se mide el trabajo que debe hacer el agente que mueve la carga, la diferencia de potencial eléctrico se define como la razón del trabajo a la carga. La unidad en el Sistema Internacional de Unidades es el voltio.

Potencia nominal de un motor: Es la potencia mecánica disponible sobre su eje, expresada en vatios, kilovatios o megavatios.

Protección contra choques eléctricos en caso de defecto: Prevención de contactos peligros de personas o de animales con:

- Masas.

- Elementos conductores susceptibles de ser puestos bajo tensión en caso de defecto.

Protección contra choques eléctricos en servicio normal: Prevención de contactos peligrosos, de personas o animales, con las partes activas.

Punto a potencial cero: Punto del terreno a una distancia tal de la instalación de toma de tierra, que el gradiente de tensión resulta despreciable, cuando pasa por dicha instalación una corriente de defecto.

Punto neutro: Es el punto de un sistema polifásico que, en las condiciones de funcionamiento previstas, presenta la misma diferencia de potencial, con relación a cada uno de los polos o fases del sistema.

Reactancia: Es un dispositivo que se aplica para agregar a un circuito inductancia, con distintos objetos, por ejemplo: arranque de motores, conexión en paralelo de transformadores o regulación de corriente. Reactancia limitadora es la que se usa para limitar la corriente cuando se produzca un cortocircuito.

Receptor: Aparato o máquina eléctrica que utiliza la energía eléctrica para un fin determinado.

Red de distribución: El conjunto de conductores con todos sus accesorios, sus elementos de sujeción, protección, etc., que une una fuente de energía con las instalaciones interiores o receptoras.

Red posada: Red posada, sobre fachada o muros, es aquella en que los conductores aislados se instalan sin quedar sometidos a esfuerzos mecánicos, a excepción de su propio peso.

Red tensada: Red tensada, sobre apoyos, es aquella en que los conductores se instalan con una tensión mecánica predeterminada, contemplada en las correspondientes tablas de tendido, mediante dispositivos de anclaje y suspensión.

Redes de distribución pública: Son las destinadas al suministro de energía eléctrica en Baja Tensión a varios usuarios. En relación con este suministro son de aplicación para cada uno de ellos, los preceptos fijados por los Reglamentos vigentes que regulen las actividades de distribución, comercialización y suministro de energía eléctrica.

Las redes de distribución pública pueden ser:

- Pertenecientes a empresas distribuidoras de energía.

- De propiedad particular o colectiva.

Resistencia de puesta a tierra: Relación entre la tensión que alcanza con respecto a un punto a potencial cero una instalación de puesta a tierra y la corriente que la recorre.

Resistencia eléctrica: Es la medida de la oposición que un material presenta a ser atravesado por una corriente eléctrica

Resistor: Se denomina resistores (o resistencias) a los componentes diseñados para introducir una resistencia eléctrica determinada entre dos puntos de un circuito.

Sobreintensidad: Toda corriente superior a un valor asignado. En los conductores, el valor asignado es la corriente admisible.

Tensión asignada de un cable: Es la tensión máxima del sistema al que el cable puede estar conectado.

Tensión con relación o respecto a tierra: Se entiende como tensión con relación a tierra:

- En instalaciones trifásicas con neutro aislado o no unido directamente a tierra, a la tensión nominal de la instalación.

- En instalaciones trifásicas con neutro unido directamente a tierra, a la tensión simple de la instalación.

- En instalaciones monofásicas o de corriente continua, sin punto de puesta a tierra, a la tensión nominal.

- En instalaciones monofásicas o de corriente continua, con punto mediano puesto a tierra, a la mitad de la tensión nominal.

Nota: Se entiende por neutro unido directamente a tierra, la unión a la instalación de toma de tierra, sin interposición de una impedancia limitadora.

Tensión de contacto: Tensión que aparece entre partes accesibles simultáneamente, al ocurrir un fallo de aislamiento.

Notas:

1. Por convenio, este término sólo se utiliza en relación con la protección contra contactos indirectos.

2. En ciertos casos el valor de la tensión de contacto puede resultar influido notablemente por la impedancia que presenta la persona en contacto con esas partes.

Tensión de defecto: Tensión que aparece a causa de un defecto de aislamiento, entre dos masas, entre una masa y un elemento conductor, o entre una masa y una toma de tierra de referencia, es decir, un punto en el que el potencial no se modifica al quedar la masa en tensión.

Tensión de puesta a tierra (tensión a tierra): Tensión entre una instalación de puesta a tierra y un punto a potencial cero, cuando pasa por dicha instalación una corriente de defecto.

Tensión nominal de un aparato: Tensión prevista de alimentación del aparato y por la que se le designa.

Gama nominal de tensiones: Intervalo entre los límites de tensión previstas para alimentar el aparato.

En caso de alimentación trifásica, la tensión nominal se refiere a la tensión entre fases.

Tensión nominal de una instalación: Tensión por la que se designa una instalación o una parte de la misma.

Tensión nominal o asignada: Valor convencional de la tensión con la que se denomina un sistema o instalación y, para los que ha sido previsto su funcionamiento y aislamiento. Para los sistemas trifásicos se considera como tal la tensión compuesta.

Tierra: Masa conductora de la tierra en la que el potencial eléctrico en cada punto se toma, convencionalmente, igual a cero.

Toma de tierra: Electrodo, o conjunto de electrodos, en contacto con el suelo y que asegura la conexión eléctrica con el mismo.

Sistema de doble alimentación: Sistema de alimentación previsto para mantener el funcionamiento de la instalación o partes de ésta, en caso de fallo del suministro normal, por razones distintas a las que afectan a la seguridad de las personas.

Temperatura ambiente: Temperatura del aire u otro medio donde el material vaya a ser utilizado.

Voltio: El voltio es la unidad derivada del SI para el potencial o tensión eléctricos y la fuerza electromotriz. Recibe su nombre de Alessandro Volta.

El voltio también puede ser definido como la diferencia de potencial existente entre dos puntos tales que hay que realizar un trabajo de 1 julio para trasladar del uno al otro la carga de 1 culombio.

CUESTIONARIO DE AUTOEVALUACIÓN

UNIDADES 1, 2, 5, 6 Y 7

1. ¿Se puede trabajar con tensión conectada?

   a) Si, es lo normal. No pasa nada.

   b) No. Nunca se puede trabajar con la tensión conectada.

   c) Se puede, tomando precauciones, pero no se debe de tocar nunca elementos con tensión.

   d) La tensión de 230 V no es peligrosa.

2. El SI es

   a) Un Consejo Internacional de Físicos.

   b) Un sistema internacional de magnitudes y unidades.

   c) La definición del metro.

   d) La Ley de Pesas y Medidas.

3. El Julio es una unidad de

   a) Peso.

   b) Masa.

   c) Potencia.

   d) Energía.

4. El kW.h es una unidad de

   a) Trabajo.

   b) Fuerza eléctrica.

   c) Potencia.

   d) Energía reactiva.

5. Un circuito eléctrico es

   a) Un generador.

   b) Unos voltios y unos cables.

   c) Un circuito hidráulico.

   d) Ninguna de las anteriores.

6. Qué letra no se usa para representar la tensión eléctrica

    a) T

    b) E

    c) U

    d) V

7. La caída de tensión es siempre

    a) Un producto de potencia por corriente.

    b) El cociente de la tensión por la resistencia.

    c) El producto de resistencia por la corriente.

    d) El producto de la resistencia por la potencia.

8. Cuál de estas frases es falsa

    a) Siempre que hay ddt hay cdt.

    b) La cdt siempre es R.I.

    c) La tensión es la razón del trabajo a la carga.

    d) Siempre que hay cdt hay ddt.

9. La unidad de intensidad de corriente es

    a) El ohmio.

    b) El voltio.

    c) El faradio.

    d) El amperio.

10. La ley de Ohm dice:

    a) $I = R/U$.

    b) $I = U/R$.

    c) $R = U.I$.

    d) $I = R.U$.

11. Una tensión de 125 V produce sobre una resistencia de 30 ohm una I de corriente de

    a) 4,16 A.

    b) 3750 A.

    c) 0,24 A.

    d) 4,16 V.

12. Si por una R de 4 ohmios circula una I de corriente de 3 A, se produce una cdt de:

    a) 1,33 A.

    b) 12 V.

    c) 0,75 A.

    d) 12 A.

13. La resistividad se denomina también

    a) Resistencia en frío.

    b) Resistencia de referencia.

    d) Resistencia unidad.

    d) Resistencia específica.

14. Al aumentar la temperatura, la resistencia de los metales

    a) Aumenta.

    b) Disminuye.

    c) No cambia.

    d) Ninguna de las anteriores.

15. La resistividad del cobre es, aproximadamente

    a) $0,018 \ \Omega.mm^2/m$

    b) 0,018 ohmios

    c) $0,018 \ \Omega.m/mm^2$

    d) $0,028 \ \Omega.mm^2/m$

16. En las resistencias en serie, la cdt es

    a) Directamente proporcional a la resistencia.

    b) Directamente proporcional a la cdt.

    c) Directamente proporcional a la capacidad.

    d) Inversamente proporcional a la potencia.

17. La resultante de un sistema serie de resistencias:

    a) Es menor que la menor.

    b) Es menor que la mayor.

    c) Es mayor que la mayor.

    d) Es mayor que la menor.

18. En una pila, cuándo sucede que fem = cdt(i)

    a) Siempre.

    b) Nunca.

    c) Si hay cortocircuito en bornes.

    d) Si el consumo es bajo.

19. La resultante del paralelo de 8 ohm y 12 ohm es:

    a) 96 ohm

    b) 20 ohm

    c) 1,5 ohm

    d) 4,8 ohm

20. Qué corriente toma de una red de 230 V una estufa de 1200 W

    a) 276 kA

    b) 5,21 A

    c) 0,19 A

    d) 230 A

21. La resultante de un sistema serie de condensadores:

    a) Es menor que el menor.

    b) Es menor que el mayor.

    c) Es mayor que el mayor.

    d) Es mayor que el menor.

22. En los imanes decimos que las líneas de fuerza

    a) Entran por el S.

    b) Salen por el N.

    c) Son cerradas.

    d) Todas las anteriores.

23. La intensidad de corriente

    a) Crea siempre un campo a su alrededor.

    b) Sólo crea campo si hay una bobina.

    c) Sale por el norte.

    d) Sólo crea campo si hay núcleo magnético.

24. Qué máquina no se basa en la inducción

    a) Una dinamo.

    b) Una batería de acumuladores.

    c) Un alternador.

    d) Un transformador.

25. La ecuación fundamental de los transformadores dice

    a) Energía activa = energía reactiva.

    b) Tensión de entrada = tensión de salida.

    c) Corriente primario = tensión por corriente de salida.

    d) Potencia de entrada = potencia de salida.

26. La tensión de una pila depende fundamentalmente

    a) De su tamaño.

    b) De sus electrodos.

    c) De su temperatura.

    d) De su potencia.

27. Las cargas inductivas tienden a

    a) Retrasar la corriente.

    b) Retrasar la tensión.

    c) Adelantar la corriente.

    d) Ninguna de las anteriores.

28. La energía disipada en una R es

    a) $I^2.R.T$

    b) $U.R.t$

    c) $U.I$

    d) $I^2.U.t$

29. En un circuito con capacidad y en régimen permanente, si la frecuencia de alimentación es cero,

    a) La corriente es cero.

    b) La corriente es máxima.

    c) La tensión tiende a cero.

    d) La corriente es el doble de la capacidad.

30. Normalmente, la potencia activa y la reactiva

 a) Se suman algebraicamente.

 b) Están en catetos diferentes.

 c) Se restan de la potencia aparente.

 d) Ninguna de las anteriores.

31. En el triángulo de potencias

 a) La aparente está en el cateto horizontal.

 b) La activa está en la hipotenusa.

 c) La aparente no se representa.

 d) La reactiva está en el cateto vertical.

32. En las máquinas trifásicas, el defasaje de las bobinas es

 a) 90º

 b) 100º

 c) 180º

 d) 120º

33. En una conexión estrella

 a) $I_L = I_F$

 b) $U_L = U_F$

 c) $U_L . \sqrt{3} = U_F$

 d) $I_L = U_F$

34. Qué corriente toma una máquina III de 3000 W de una red de 400 V

 a) 4,3 A

 b) 7,5 A

 c) 0,13 A

 d) 12 A

35. Un motor 230/400 V, cómo se conecta una red III de 400 V

 a) En estrella.

 b) En serie.

 c) En triángulo.

 d) En paralelo.

36. Cuál es una secuencia incorrecta

a) RST

b) TRS

c) STR

d) RTS

37. Los alternadores no son

a) Máquinas síncronas.

b) Generadores.

c) Reversibles.

d) Sin escobillas.

38. El llamado motor universal

a) Es un motor síncrono.

b) Es un motor serie.

c) Funciona en cc y en ca.

d) Tiene buen par de arranque.

39. El voltímetro

a) Se conecta en serie.

b) Es de baja impedancia.

c) Se conecta en paralelo.

d) Es sólo para ca.

40. El vatímetro

a) Mide el coseno de fhi.

b) Mide los kW.h.

c) Se conecta en serie.

d) Tiene dos bobinados.

BIBLIOGRAFÍA

Carmona, D.: *Cálculo de instalaciones y sistemas eléctricos. Tomos I y II* (2ª Edición), Badajoz: Ed. Abecedario, 2003

Colección completa de libros de electrotecnia de primero y segundo grado de Formación profesional. Editorial Don Bosco

Manual teórico-práctico Schneider. Instalaciones eléctricas. Tomos I y II, Barcelona: Schneider Electric, 2003

Reglamento electrotécnico para Baja Tensión

Actualmente, deben de citarse, como fuente de información, los contenidos difundidos por internet. Estos contenidos son sólo válidos cuando van "firmados" o están publicados por empresas de prestigio. El resto, muchísimos, deben mantenerse en entredicho (duda de la calidad) hasta comprobar su validez. Por otra parte, dada la rapidez de cambio de direcciones, webs y portales, se hace sólo una cita cualitativa confiando en que los buscadores de internet permitirán llegar en cada caso a la información deseada.

- Portal del ministerio de industria (MITYC): reglamentos técnicos, y en concreto, el REBT completo.

- Las Comunidades Autónomas tienen todas portales donde están todos los datos administrativos para los trámites de carnés, autorización y trámite de proyectos y memorias. No siempre es fácil encontrar, dentro de cada portal, esta documentación.

- Aenor (Asociación Española de Normalización y Certificación), actualmente, www.aenor.es. Publica las Normas UNE.

- Asociación Española de Fabricantes de Cables y Conductores Eléctricos y de Fibra Óptica, actualmente, www.facel.es. Tiene una documentación muy buena sobre cables eléctricos y su utilización según el REBT actual.

- Empresas fabricantes de motores, cables, aparamenta, aparatos de medida... La mayor parte de ellas tiene catálogos y documentación técnica muy buena sobre sus productos.

- Portales de derecho (actualmente muy interesante: "juridicas.com" y en concreto: "http://www.juridicas.com/links/links.php?URL=http%3A%2F%2Fnoticias.juridicas.com", en donde se pueden encontrar leyes, RD y OM de gran utilidad para cualquier técnico bien documentado.

- Otra fuente de información buena y fiable son los portales de las facultades y escuelas técnicas de ingeniería.

- Los Colegios Profesionales de Ingenieros pueden tener, accesible casi siempre, información muy útil.

Manual de ELECTROTECNIA

Miguel D´Addario

Comunidad Europea

www.ingramcontent.com/pod-product-compliance
Lightning Source LLC
Chambersburg PA
CBHW080635180526
45168CB00008B/3175